SCHLEPPER
im Hamburger Hafen

Texte, Fotos, Illustrationen, Grafiken, Satz und Layout: Konrad Algermissen

Mitteilungen sind jederzeit willkommen an E-Mail: konradalgermissen@alice-dsl.net
Aktuelle Angebote und Informationen gibt es auch unter: www.schlepperbuch.de
www.algermissen-illustration.de

2. Auflage © 2017 (Erstauflage 2014)

Herstellung und Verlag:
BoD - Books on Demand, Norderstedt

ISBN 978-3-7357-5039-6

Für die Unterstützung meiner Arbeit danke ich besonders:
Frau Thormählen, Herrn Poser, Herrn Eich, Herrn Brandes, Herrn Behrens,
Herrn Möller, Andrey Kreker, Vladimir Klutschnikow, Karl Heinz Meyrose,
Kevin, Herrn Stenke, Hans Jürgen, Jürgen Schladermund, Herrn Peters, Eugen,
Herrn Haase, Torsten Klingenspor und Michael Raether

Bezugsquellen:
Informationen der beteiligten Unternehmen sowie eigene, langjährige Beobachtungen.

Es wurde versucht, Fehler oder unvollständige Angaben nach Möglichkeit zu vermeiden.
Irrtümer behalte ich mir vor.

Transporte von spezieller Art

Die Stadt Hamburg ist ein Ballungsraum für die gesamte Region Norddeutschland. Ein großer Teil des Stadtgebietes wird von Hafenanlagen, Produktionsstätten und Lagerflächen beansprucht. Der Gütertransport findet auf den Straßen, den Schienen und den Wasserwegen statt.

Wenn es um die Beförderung von Baggergut, Kies, schweren Kupferplatten oder Maschinenteilen, sperrigen Anlagenkomponenten oder Baugeräten geht, bietet der Transport zu Wasser die effektivste Lösung. Bei den Schiffen unterscheidet man zwischen See- und Binnenschiffen. Seeschiffe sind im allgemeinen größer und haben hohe Bordwände, damit sie auf offener See nicht ständig von Wellen überspült und gefährdet werden. Dagegen müssen Binnenschiffe auch auf kleinen Wasserflächen, Flüssen und Kanälen manövrieren können. Ihre Abmessungen sind auf die Wassertiefen und auf die Größe der anzutreffenden Schleusenkammern abgestimmt.

Im Gebiet des Hamburger Hafens gibt es speziell angepasste Transportsysteme. Ein großer Teil der Güter wird auf Leichter, Schuten oder Pontons geladen.

Das sind Objekte ohne eigenem Antrieb. Diese werden dann, je nach Bedarf, von Schleppern bewegt. Diese Trennung von Antrieb und Frachtraum hat einige Vorteile. Während zum Beispiel eine Schute von einem Schlepper zu einer Spülfläche gebracht wird, um dort entladen zu werden, kann bereits die nächste Schute von einem Bagger mit Schlick beladen werden. Oder es verweilt Baumaterial auf einem Ponton bei einer Baustelle, ohne dass weiteres Personal notwendig ist. Daher sind die Besatzungen der Schlepper, Barkassen und Schubschiffe meistens unterwegs. Zwischendurch werden auch Wartungs- und Instandsetzungsarbeiten an den Liegeplätzen durchgeführt. So wird im Sommer auch mal Rost losgeklopft und im Winter Eis von Schanzkleid und Wallschiene geschlagen.

Die Menschen an Bord sind Mechaniker, Nautiker und Lademeister zugleich und besitzen aufgrund ihrer selbstständigen Arbeitsweise ein enormes Maß an Erfahrungen. Sie bewegen Sachwerte von vielen Millionen Euro und Ladungsteile von mehreren hundert Tonnen Gewicht.

Ihre Fahrzeuge sind sehr unterschiedlich. Einige sind recht modern, andere haben längst ein Museumsalter erreicht.

Es sind Räder im Getriebe des Alltags, für die es keinen Ersatz gibt.

Es sind die Hamburger Binnenschlepper, die dabei sind, wenn etwas bewegt wird!

Inhalt

*Schlepper am Liegeplatz im Niederhafen
bei den St. Pauli-Landungsbrücken*

Der Hamburger See- und Binnenhafen

Bei den dunkleren Wasserflächen beträgt die Wassertiefe mehr als 10 Meter.

2 cm = 1 km   0   1   2   3   4   5 km

Zum täglichen Bild des Schiffsverkehrs und der Transporte im Hamburger Hafen gehört der Schubschlepper FAVORIT. Mit diesem Spezialschiff werden Leichter bewegt. Ein Leichter ist eine Art großer, schwimmender Behälter, ein Transportschiff, das normalerweise keinen eigenen Antrieb hat. Damit wird zum Beispiel ein Teil der Ladung eines Seeschiffes weiterbefördert. Das Seeschiff wird also um einen Teil seiner Ladung "erleichtert", daher der Name "Leichter". Man könnte auch Schute dazu sagen, aber Schuten sind eher die kleineren Transporteinheiten, oft mit spitzem Bug und Heck und Tragfähigkeiten von etwa 300 bis 600 t. Schuten und Leichter sind praktisch das Äquivalent zu Güterwagen im Schienenverkehr oder LKW-Anhängern auf der Straße.

In der Mitte und im Süden Deutschlands ist auch die Bezeichnung "Kahn" für ein Transportmittel zu Wasser gebräuchlich. Aber das sind eher kleinere Boote. Das Wort "Kahn" wird im Hamburger Hafen nicht verwendet. Das würde sogar abfällig klingen.

Typische Leichter haben eine rechteckige Form mit geraden Bug- und Heckseiten. So können mehrere Einheiten vor- und nebeneinander zusammengefasst, zu einem Koppelverband verbunden, also gekoppelt werden. Die Verbindungen werden mit Stahltrossen hergestellt. Diese Trossen, auch "Drähte" genannt, werden mit sogenannten Koppelwinden auf dem Schubschlepper festgezogen, also dichtgeholt. Dieses System hat jedoch auch seine Belastungsgrenzen. Die Verbindungen vertragen keine ruckartigen Kräfte. Daher werden Schubverbände nur auf ruhigen Binnengewässern, also auf Flüssen, Seen oder in Hafenrevieren zusammengestellt und bewegt.

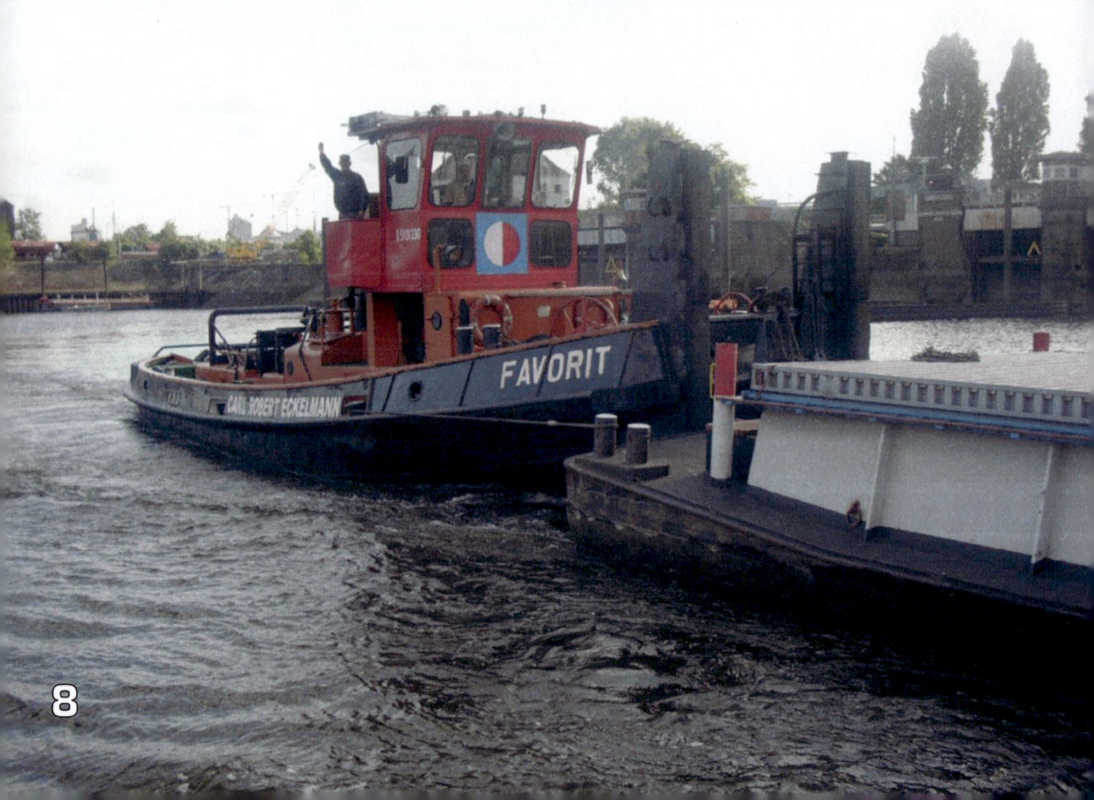

Auf offener See würden die Drähte bei Seegang reißen. Dort werden Lasten also normalerweise mit einer langen Trosse in Schlepp genommen.

Der Schubschlepper FAVORIT kann, wie die Bezeichnung schon sagt, schieben und schleppen. Der stumpfe Bug ist mit zwei langen Schubschultern ausgestattet. Damit können auch leere, hoch aus dem Wasser ragende Leichter, sicher angefasst werden. Um Leichter mit höherer Ladung in Vorausrichtung überschauen zu können, kann das Ruderhaus um etwa 3 m hydraulisch ausgefahren, also angehoben werden. Mittschiffs befindet sich ein beweglicher Schlepphaken. Damit kann mit einem Schleppdraht oder einer Perlonleine über das Heck geschleppt werden. In Notfällen kann der Haken per Drahtzug vom Ruderhaus aus entriegelt, sprich ausgelöst werden. Es können auch Lasten "an die Seite", also längsseits genommen werden. Je nach dem, was nun gerade wohin bewegt werden soll.

FAVORIT übernimmt Spezialleichter, die mit einem Schiebedach ausgestattet sind. Hier wird Getreide transportiert, das vor Nässe geschützt werden muss.

Zwei lange Schubschultern gewährleisten auch bei leeren Leichtern einen guten Kontakt. So wird ein gefährliches Unterlaufen der Schiebelast vermieden.

Foto: Carl Robert Eckelmann

Das Schubschiff SCH 2640 der Deutschen Binnenreederei wurde für längere Reisen entworfen und bietet daher auch mehr Raum für die Unterkünfte der Besatzung.
Das Schiff hat zwei Maschinen mit je 540 PS. Die Wasserverdrängung liegt bei 220 t.
Es ist 28,56 m lang, 10,02 m breit und erreicht einen Tiefgang von nur 0,80 m. Dadurch kommt das Schubschiff auch bei niedrigen Flusswasserständen im Binnenland noch gut voran.
Dagegen braucht FAVORIT keinen geringen Tiefgang, da es in Hamburg durch die Nähe zur Nordsee nie zu Wassermangel kommt.

Mit FAVORIT werden keine langen Reisen unternommen, wie es zum Beispiel bei reinen Schubschiffen auf langen Flüssen der Fall ist. Dort gibt es regelrechte Wohnungen an Bord, in denen mitunter ganze Familien leben. Auf FAVORIT gibt es im Vorschiff eine Kabine, in der die Besatzungsmitglieder ihre Kleidung wechseln, die Malzeiten zu sich nehmen oder bei schlechtem Wetter Wartezeiten verbringen können. Ein Tag- und Nachtbetrieb ist auf den Binnenschleppern im Hamburger Hafen nicht üblich.
Es wird also normalerweise auf den kleinen Schleppern nicht gewohnt.
FAVORIT ist ein kompaktes, kräftiges Fahrzeug, vergleichbar mit einer Rangierlok bei der Eisenbahn. Durch die vielen Details der Ausstattung an den kleinteiligen, filigran wirkenden Aufbauten, hat dieses Schiff eine beinahe pittoreske Anmutung. Allerdings sehen wir hier nur die Spitze eines Eisberges. Der bauchige Rumpf hat einen mittleren Tiefgang von 2,8 m und birgt einen 12-Zylinder Diesel der Marke Deutz mit satten 600 PS. Dieser arbeitet auf einen eisverstärkten 4-Blatt-Propeller mit einem Durchmesser von 1,5 m und einem Gewicht von 390 kg!

FAVORIT mit voll ausgefahrenem Ruderhaus

Zur Steigerung der Leistung und der Manövrierbarkeit, läuft der Propeller in einer drehbaren Ruderdüse, die wiederum mit einer angelenkten Flosse ausgestattet ist. Der äußere "filigrane" Eindruck täuscht also. FAVORIT ist ein leistungsstarkes und extrem wendiges Fahrzeug, mit dem Lasten von mehreren tausend Tonnen täglich bewegt werden. Ich vermute, im Schienenverkehr wäre eine Rangierlok mit einer Leistung von 600 PS damit überfordert, einen Güterzug von beispielsweise 2000 t anzutreiben. Das entspräche etwa der Masse eines großen, vollbeladenen Leichters. Mal abgesehen von der Tatsache, dass die Lok natürlich an die Schienen gebunden ist. Auf der Straße verhalten sich die Dinge noch ungünstiger. Dort könnten 2000 t nur mit extremen Untersetzungsgetrieben oder Hydraulikantrieben bewegt werden. Eine normale Sattelzugmaschine würde auch mit 600 PS kaum vorankommen und wenn, dann würde sie sich nach wenigen Metern Fahrt in Rauch auflösen.

Daher ist eine Beförderung zu Wasser äußerst effektiv und wirkungsvoll.

Das Wasser trägt die Lasten und bietet kaum einen Reibungswiderstand.

Bild unten:
Dieser Leichter ist offensichtlich nicht beladen. Voll beladen hätte er die Masse eines schweren Güterzuges, könnte aber auch dann vom Schubschlepper FAVORIT bewegt werden.

Der Vergleich mit einer Lokomotive mag wohl hinken. Dennoch gibt es Parallelen. Beides sind Zugmaschinen. Die Rangierlok der Baureihe 363 hat eine Motorleistung von 632 PS. Der Schlepper verfügt über 600 PS. Die Lok ist kleiner und leichter als das Schiff. Ihre Zugkraft liegt mit 132 kN (entspricht etwa 13 t) um einiges höher als die des Schleppers. Dessen Pfahlzug beträgt schätzungsweise etwa 8 t. (Verbindliche Angaben liegen mir leider nicht vor) Ob diese relativ kleine Lok einen Zug von etwa 2000 t Masse, das wäre ein recht schwerer Güterzug, antreiben könnte, wage ich zu bezweifeln, da der Reibungwiderstand auf Schienen höher ist als im Wasser.

Foto: Carl Robert Eckelmann

Unser Schubschlepper wurde für die
Gegebenheiten des Hamburger Hafens,
also die räumlichen Distanzen, die Größen
der Schleusenkammern, die Durchfahrtshöhen der Brücken, die Wassertiefen,
die Strömungsverhältnisse und auch für
die Eissituation im Winter entworfen,
konstruiert, gebaut und ausgerüstet.
All das von einer Hamburger Werft, der
Theodor Buschmann Werft in Hamburg-
Wilhelmsburg. Das Baujahr von FAVORIT
war 1953. Auftraggeber und erster Eigner
war die Alsen Portland Cementfabrik.
Bei seiner Taufe erhielt der Schlepper den
Namen PINNAU. Die Werft stand in den
folgenden Jahrzehnten während mehrerer
Sturmfluten unter Wasser. Dabei gingen
die Bauzeichnungen leider verloren.
1965 erfolgte, ebenfalls auf der Buschmann
Werft, ein Umbau. Anlass war ein Wechsel
des Eigners. Das Unternehmen Arnold
Ritscher wurde neuer Eigentümer. Kurz
darauf übernahm die Kommanditgesellschaft J.& C. Giese das Schiff. Dabei erhielt
der Schlepper den Namen WINDSPIEL.
1980 wurde das Schiff auf der Werft
Pohl & Jozwiak in Hamburg zum Schubschlepper umgebaut. Es wurde von der
Carl Robert Eckelmann Transport &
Logistik GmbH übernommen und erhielt
den Namen FAVORIT.

Vor vielen Jahren gab es einen Schlepper,
der ebenfalls diesen Namen trug.
Bereits im Jahr 1902 ließen die Brüder
Cäsar und Carl Robert Eckelmann auf
der Brandenburg Werft einen Schlepper
bauen, der den Namen FAVORIT erhielt.
Das Schiff hatte eine Länge von 12,20 m,
eine Breite von 3,13 m und wurde von einer
Dampfmaschine angetrieben, deren
Leistung 100 PS betrug. Dieser Schlepper
fuhr täglich 12 Stunden durch die engen
Fleete im Hamburger Hafen, um Schuten,
die mit Kaffee, Kakao oder Reis beladen
waren, von den großen Frachtseglern zu
den Kaispeichern zu schleppen.

Die Gründung des Unternehmens reicht
noch weiter zurück.
Sie ist auf das Jahr 1865 zurückzuführen.
Damals baute Cordt Eckelmann einen
Lastkahn aus Holz und unternahm damit
Transporte im Hamburger Hafen.
Aus der Ewerführerei wurde im Laufe
der Generationen ein breit gefächertes
Dienstleistungsunternehmen.
Zum heutigen Serviceangebot der
Eckelmann-Gruppe gehören, neben dem
Transport und der Lagerung von Waren,
unter anderem auch die Tankreinigung
mit der dazugehörigen Ölentsorgung und
Aufbereitung.

1910

*Dampfschlepper FAVORIT
bringt eine Schute mit Kaffee-
säcken zu den Speichern.
So mag es vor etwa
100 Jahren ausgesehen
haben.*

FAVORIT - Datenübersicht

Baujahr: 1953
Werft: Theodor Buschmann, Hamburg
Auftraggeber: Alsen Portland Cementfabrik
erster Name des Schleppers: **PINNAU**
Umbau: 1965 und 1966
neuer Name: **WINDSPIEL**
Umbau: 1980 zum Schubschlepper auf der
Werft Pohl & Jozwiak in Hamburg
neuer Eigner: Carl Robert Eckelmann
neuer Name: **FAVORIT**

Länge: 19,07 m **Br.:** 5,42 m **Tiefg.:** 2,80 m
Vermessung: 50 BRZ
Wasserverdrängung: ca 120 t

Antriebsmaschine: Deutz SBA 12 M 816
wassergekühlter Dieselmotor mit Ladeluft-
kühler und Schalldämpfer mit Funkenfänger
Leistung: 600 PS bei 1500 U/min
Wendegetriebe: 1500 U/min - 328 U/min
Propeller: 4 Flügel, rechtsgängig,
Durchmesser 1500 mm, eisverstärkt
Hydraulische Ruderanlage:
Ruderlegewinkel 2 x 45°
Ruderlegezeit von 30° Bb - 35° Stb 15 sek.
drehbare Ruderdüse mit angelenkter Flosse
Hilfsdiesel: MWM mit 16 PS bei 1000 U/min
Feuerlösch- und Lenzpumpe: Prinz TNH 80L
Kapazität: 27 cbm/h
ausfahrbares Ruderhaus: Hubhöhe 2,75 m
nautische Ausrüstung: UKW- Seefunkanlage,
Radaranlage, Magnetkompass

*Auch der Entsorgungsdienst gehört zum
Serviceangebot der Eckelmann-Gruppe.
MARPOL (marine pollution) beschreibt ein
Übereinkommen zur Verhütung der
Meeresverschmutzung.
Hier liegt der Ölentsorger MARPOL TAXI
längsseits am Dampfeisbrecher Stettin.*

*Das Geschäftsgebäude der Eckelmann-Gruppe
in Hamburg-Steinwerder*

Der LÖWE stammt aus England.
Er wurde 1948 als Motorschlepper auf der Werft Henry Scarr in Hessle gebaut.
Der kleine Ort liegt nahe der Stadt Hull am Fluss Humber, in Mittelengland nahe der Nordsee.
Dort erhielt das Schiff bei seiner Taufe den Namen BRENT BROOK.
Es war der erste von zwei Schleppern, deren Schiffskörper ausschließlich geschweißt wurden. Sie wurden für den Einsatz auf der Themse hergestellt.
Damals diente ein direkt umsteuerbarer Zweitaktmotor als Antrieb. Diese Maschine leistete 520 PS bei 300 U/min.
Die Kühlung erfolgte mit Frischwasser, welches wiederum mit Seewasser gekühlt wurde.
Der Kompressor und die Lenzpumpe wurden von einem 18 PS-Dieselmotor angetrieben.
Ein 9 PS-Motor diente zum Antrieb eines kleinen Kompressors, einer Trimmpumpe und eines 1 kW/25 V-Generators.
Der Treibstoffvorrat von 12 t wurde in einem Tank im Maschinenraum untergebracht.
Während der Zeit auf der Themse war die Union Lightering Company Ltd Eigner des Schiffes. Der Sitz des Unternehmens war London.

Schubschlepper LÖWE gehörte 25 Jahre lang zum Unternehmen A.u.H. Huntemann und ist hier am Liegeplatz im Niederhafen zu sehen. (Aufnahme vom November 1991)

Das Schiff stand auch für das Schleppkontor Karl Heinz Meyrose unter Vertrag.

Schubschlepper LÖWE dreht im Vorhafen mit einem beladenen Leichter nach steuerbörd.

Foto: Carl Robert Eckelmann

Im Mai 1971 wurde der Schlepper von der Hamburger Reederei A.u.H. Huntemann erworben und im folgenden Jahr auf der Werft Johann Oelkers in Wilhelmsburg zum Schubschlepper umgebaut.

Es wurde auch ein neuer, stärkerer Motor mit einer Leistung von 1080 PS eingebaut. Das Schiff erhielt den Namen LÖWE und wird, seit dem Abschluss der Umbauarbeiten im Juli 1973, im Hamburger Hafen eingesetzt.

1996 wurde das Unternehmen Carl Robert Eckelmann neuer Eigner des Schubschleppers LÖWE.

Eckelmann übernahm im selben Jahr nicht nur den LÖWEN, sondern die komplette Ewerführerei Huntemann, die zuvor, präzise gesagt seit 1963, 700.000 Tonnen Kupfererz pro Jahr mit Schuten vom Schuppen 73 im Kaiser-Wilhelm-Hafen, zur Norddeutschen Affinerie auf der Veddel transportierte.

Zuvor gab es in Hamburg einen großen Eklat. Der Grund dafür war, dass sich die Deutsche Binnenreederei, als neuer Player aus dem Osten, in den Hamburger Markt drängte und die Transportpreise maßgeblich unterbot. Eckelmann gelang es durch die Übernahme der Reederei Huntemann konkurrenzfähig zu bleiben und bekam den Erzauftrag.

LÖWE - Datenübersicht

Baujahr: 1948
Werft: Henry Scarr Ltd. Hessle, England
Auftraggeber: Union Lightering Company
erster Name des Schleppers: **BRENT BROOK**
1971: Ankauf durch A.u.H. Huntemann und Umbau zum Schubschlepper auf der Werft Johann Oelkers, neuer Name: **LÖWE**
1996: Ankauf durch Carl Robert Eckelmann

Länge: 22,56 m, **Br.:** 6,12 m, **Tiefg.:** 3,00 m
Wasserverdrängung: 183 t
Antriebsmaschine seit 1993:
MWM T-p TBD 440-8
Leistung: 1032 PS bei 900 U/min
Pfahlzug: 10 t
ausfahrbares Ruderhaus
hydraulische Ruderanlage
Schlepphaken, Koppelwinden

Foto: Carl Robert Eckelmann

Das Ruderhaus wird durch eine Scherenhubmechanik bei Bedarf gehoben oder gesenkt.

Foto: Carl Robert Eckelmann

15

Carl Robert Eckelmann
Schubschlepper
MOORBURG

Wer den Schubschlepper MOORBURG in Aktion erleben will, muss schon sehr früh aufstehen. Ich bekam meistens nur das Heck mit dem Schraubenwasser zu sehen. MOORBURG wurde 1979 auf der Werft Johann Oelkers in Hamburg-Wilhelmsburg gebaut und gehört zu den neueren und moderneren Hafenfahrzeugen.

Der Name steht auch für einen Stadtteil mit ländlich, dörflichem Charakter, der allerdings im Südwesten Hamburgs an das Hafengebiet mit seinen Industrieanlagen grenzt. Das "Dorf" Moorburg sollte im Zuge einer Hafenerweiterung eigentlich platt gemacht werden, konnte sich aber den Bestrebungen der Wirtschaftslobby erfolgreich widersetzen und erfreut sich heute einer friedlichen Existenz.

Die Oelkers Werft gibt es leider nicht mehr. Sie lag am Reiherstieg, einer Wasserstraße die das Gebiet zwischen den Armen der Norder- und Süderelbe durchschneidet. Anfang der 80'er Jahre fuhr ich ab und zu an der Werft vorbei, wenn ich zum Kraftwerk Neuhof musste. Es war eine recht große Halle zu sehen. Auf dem Freigelände am Wasser standen unterschiedliche Kräne und meistens ein im Bau befindlicher Schlepper. Schiffe von herausragender Qualität, wie zum Beispiel der Hochseeschlepper HAMBURG, liefen dort unter beengten Platzverhältnissen vom Stapel. Das Bild, das sich mir vom Werftgelände bot, zeugte von sehr viel Mühsal und harter Arbeit. Immerhin sind uns Schiffe, wie der Schubschlepper MOORBURG, aus der Hand der Schiffbauer erhalten geblieben. Der Schlepper wurde im Auftrag der Reederei Hans E.W. Berndt gebaut und von diesem Unternehmen betrieben. Erst einige Jahre später wurde das Schiff von Carl Robert Eckelmann übernommen. Dieser Schlepper ist derzeit in seiner ursprünglichen Form in Betrieb. Er wurde also weder umgebaut noch umbenannt. Er ist nach wie vor ein modernes, effizientes und leistungsstarkes Fahrzeug, mit Kort-Düsenruder, Schlepphaken, Schubschultern, Koppelwinden und allem was zu einem richtigen Schubschlepper gehört!

Schubschlepper MOORBURG
im täglichen Einsatz im Hamburger Hafen

MOORBURG - Datenübersicht

Baujahr: 1979
Werft: Johann Oelkers, Hamburg
Auftraggeber: Hans E.W. Berndt
Ankauf durch Carl Robert Eckelmann

Länge über Alles .... 18,00 m
Breite auf Spanten/üb. Alles 5,40/5,85 m
Tiefgang max. hinten .... 2,70 m
Antriebsmaschine: MWM TBD 602 V12 S
Leistung: 538 PS bei 1200 U/min
Untersetzungsgetriebe - 4:1
hydraulische Ruderanlage, Kort-Düsenruder
Geschwindigkeit: 10,5 kn
Pfahlzug: 8,5 t

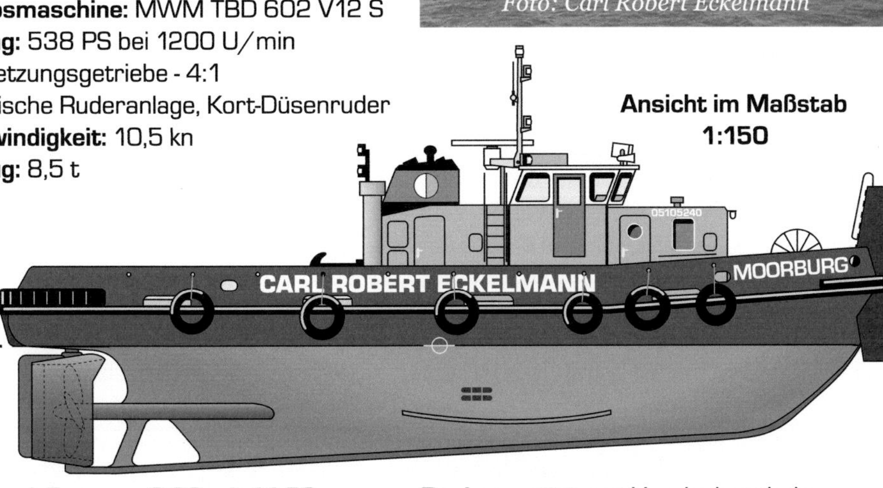

Foto: Carl Robert Eckelmann

**Ansicht im Maßstab
1:150**

Hilfsdiesel: Faryman G 20 mit 14 PS
Lenzpumpe: Kapazität 120 cbm/h
Hubschere zum Anheben des Ruderhauses
Hubhöhe: 1,60 m

Decksausrüstung: Handankerwinde,
Koppelwinden, Schlepphaken
Nautische Ausrüstung: Radaranlage,
Magnetkompass, Echolot, Wendeanzeiger,
UKW-Hafenfunk, Funktelefon

Schlepper MOORBURG am Liegeplatz im Travehafen

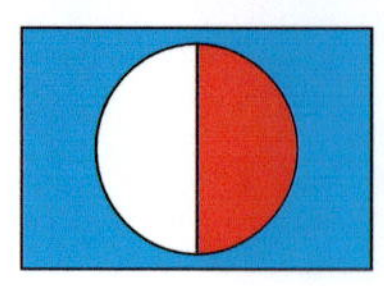

HEINRICH-LUDWIG

HEINRICH-LUDWIG ist 108 Jahre alt, noch immer täglich im Hafen unterwegs und damit der älteste aktive Hafenschlepper der Welt.

Andere Schiffe eines solchen Alters sind bestenfalls in Museen erhalten geblieben. Der Schlepper wurde 1906 gebaut, also 56 Jahre bevor ich geboren wurde. Hier komme ich mit meiner Vorstellung nicht mehr weiter. Meine Großmutter war damals ein kleines Kind. Als sie noch lebte, kam ich einmal mit ihr auf den Dampfer AUGUSTE VICTORIA, ebenfalls Baujahr 1906, zu sprechen. "Ja, so hieß die Kaiserin", sagte sie gleich und zählte spontan deren Kinder namentlich auf. Eine Tochter hieß Cecilie. Das konnte ich mir noch merken. Weitere Informationen kann ich heute nur noch den Geschichtsbüchern entnehmen. Diese zeugen überwiegend von Kriegen, Unterdrückung, Tod und Verderben. Hier hat sich also nichts geändert.

In Hamburg wurde damals das Bismark-Denkmal und der Hauptbahnhof fertiggestellt. Auffallend war das starke Wachstum der Industrie.

Die Werft Janssen & Schmilinsky, auf der auch der Schlepper HEINRICH-LUDWIG gebaut wurde, zählte zu den größeren Werftbetrieben in Hamburg. Der Ort des damaligen Unternehmens lag auf Steinwerder und gehört heute zum Gelände von Blohm & Voss. Der Bau des Schleppers wurde damals von der Kommanditgesellschaft Frank Brinkmann in Auftrag gegeben. Nach seiner Fertigstellung wurde HEINRICH-LUDWIG am 4. September 1906 in das Binnenschiffsregister in Hamburg-Harburg eingetragen. Sein Namensgeber war ein Prokurist des Unternehmens. Das Schiff wurde im Laufe der Zeit mehrfach modernisiert.

1956 wurde die unwirtschaftlich gewordene Dampfmaschine ausgebaut und durch einen Dieselmotor ersetzt. Der Motor leistete 320 PS, gehört inzwischen aber auch längst der Vergangenheit an.

1996 erwarb das Unternehmen Carl Robert Eckelmann den Schlepper und veranlasste umgehend erneut notwendige Modernisierungsmaßnahmen. Die Technik war veraltet, der genietete Rumpf blieb jedoch erhalten.

Die derzeitige Dieselmaschine leistet etwas weniger als 600 PS.

Damit zählt das Schiff zu den kleineren Schleppern der Eckelmann-Flotte.

Foto: Carl Robert Eckelmann

Aus nostalgischen Gründen und der Liebe zum traditionellen Hamburger Hafen, ließ man auf der Brücke die Messingarmaturen, alte Beschläge und das große Steuerrad zur Zierde bestehen. Gesteuert wird der Schlepper hydraulisch über den heute üblichen Joystick. An Ruhestand ist also keinesfalls zu denken. Im Gegenteil, HEINRICH-LUDWIG wird vermutlich noch viele weitere Jahre im Einsatz bleiben und Schuten mit beispielsweise Getreide im Schlepptau führen.

Schlepper HEINRICH-LUDWIG, Baujahr 1906, in Fahrt auf der Norderelbe im Jahr 2014

HEINRICH-LUDWIG
Datenübersicht

Baujahr: 1906
Werft: Janssen & Schmilinsky, Hamburg
Auftraggeber: Frank Brinkmann KG
Ankauf durch Carl Robert Eckelmann

Ansicht im Maßstab 1:150

Länge: 17,38 m, **Br.:** 5,04 m, **Tiefg.:** 2,64 m
Wasserverdrängung: 74 t
Umbau zum Motorschlepper 1956
Antriebsmaschine: MAN D 2842 LE

Leistung: 571 PS bei 1800 U/min
hydraulische Ruderanlage, 2 Lenzpumpen
2 Brennstofftanks mit 6,4 cbm Vassungsverm.
Schlepphaken mit 70 KN (7 t) Haltekraft

HEINRICH-LUDWIG neben dem Schlepper WEDEL am Liegeplatz im Travehafen

Die "jüngeren Schwestern" liegen heute im Museum

Von der Art des Schleppers HEINRICH-LUDWIG wurden noch weitere Fahrzeuge erhalten. Allerdings sind diese im Museum zu besichtigen. Es sind die Schlepper TIGER und CLAUS D (Bauj. 1910 u.1913)

Beide Schiffe wurden vom Verein Jugend in Arbeit restauriert. Die Schlepper werden heute im ursprünglichen Bauzustand als Dampfschlepper vom Museumshafen Oevelgönne in Hamburg betrieben.

Schlepper WEDEL

Zur Flotte des Unternehmens Carl Robert Eckelmann gehört auch der Schlepper WEDEL. Gebaut 1929, ist dieser Schlepper zwar nicht ganz so alt wie HEINRICH-LUDWIG, hatte ursprünglich jedoch auch einen Dampfantrieb. Das betrifft eigentlich die meisten Schiffe, die etwa vor 1950 gebaut wurden, also nicht nur Schlepper. Die großen Passagierschiffe der 20'er und 30'er Jahre, die über den Nordatlantik fuhren, waren überwiegend mit Dampf-turbinen ausgerüstet. Aber auch dort waren Kesselanlagen erforderlich, die den benötigten Dampf erzeugten. Die Kessel wurden wiederum mit Kohle oder Öl beheizt. Schlepper WEDEL wurde Anfang der 70'er Jahre zum Motorschlepper umgebaut. Inzwischen gab es auch passende Getriebe, die etwa in den 50'er Jahren noch ein Problem darstellten. Gegenwärtig liegt die WEDEL als Reservefahrzeug im Travehafen bereit.

(Foto: Carl Robert Eckelmann)

Gebaut: 1929/Stücklen Werft, Hamburg als Schlepper MÖWE für Theodor Lexau
1969: umbenannt in SCHLEPPKO 2
1981: Ankauf durch Hans E.W. Berndt umbenannt in Schlepper WEDEL
Länge: 21,80 m, **Br.:** 6,74 m, **Tiefg.:** 2,43 m
Wasserverdrängung: 148 t
Motor: Deutz SFB 12M 716 mit 560 PS hydraulische Ruderanlage, Bergungspumpe, Schlepphaken 78 KN, Buganker 273 kg

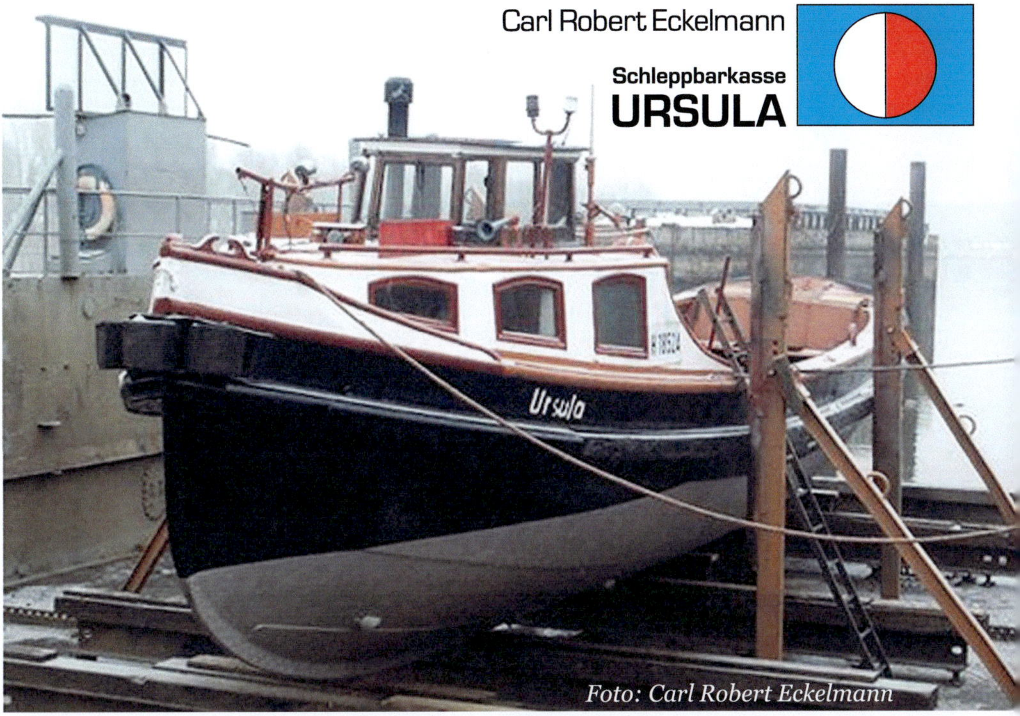

Foto: Carl Robert Eckelmann

URSULA ist ein typischer Vertreter leichter Transportschiffe. Barkassen dieser Art wurden in Hamburg in größerer Stückzahl für den Hafenbetrieb entwickelt und gebaut. Das Schiff dient der Personenbeförderung, verfügt über einen gewissen Stauraum für kleinere Ladungsteile und Gerätschaften und ist mit einem Schlepphaken ausgerüstet.

Daher die Bezeichnung "Schleppbarkasse". Es sind relativ schlanke, leichte und daher schnelle Fahrzeuge, wenn es darum geht, mal eben Jemanden abzuholen oder leichte Arbeitsgeräte zu einer Baustelle zu bringen. Bis in die 50'er Jahre waren Barkassen ein übliches Verkehrsmittel, um z. B. Schiffbauer zu den Werften oder Quartiersleute zu den Umschlagsbetrieben zu bringen. Auch die Schleppleistung ist beachtlich. Der Pfahlzug beträgt etwa 3 t.

Damit können kleinere Schuten im Hafen problemlos befördert werden.

Datenübersicht

Baujahr: 1949
Werft: Albert Bonné, Hamburg-Wilhelmsburg
Auftraggeber: Hanseatische Hafenbetriebsgesellschaft Eggert & Amsinck
Ankauf durch Carl Robert Eckelmann 1996

Ansicht im Maßstab 1:150

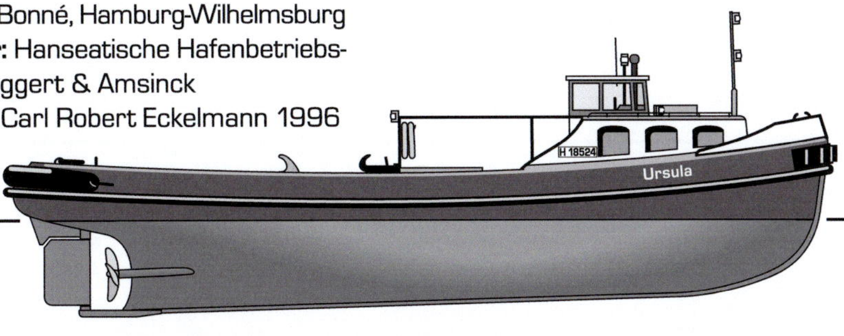

Länge: 15,70 m, **Br:** 4,04 m, **Tiefg.:** 1,57 m
Verdrängung: 38 t **Freibord:** 0,8 m

Motor: IVECO-AIFO 6 Zyl.-Diesel
13.800 ccm, 173 PS bei 1800 U/min

21

Schlepper HANSESLOP I

Herrliche Südseeinseln mit Tauchgängen, nette Unterhaltung, abends gegrillten Fisch mit Früchten und etwas Joghurt...
Eine Kreuzfahrt ist schon etwas feines und so erholsam!
Die leeren Joghurtbecher verschwinden einfach im Abfallschacht. Die lösen sich dort einfach in Luft auf oder etwa nicht?

*Auf so riesigen Kreuzfahrtschiffen, wie der COSTA PACIFICA (114.500 BRZ), leben etwa 5000 Menschen.
Hier werden ungeheure Mengen an Versorgungsgütern aller Art benötigt.
Ebenso wichtig ist die umweltgerechte Entsorgung aller Abfälle und Problemstoffe.*

Bei mehreren tausend Personen an Bord eines Kreuzfahrtschiffes entsteht innerhalb von drei Wochen nicht nur ein Berg aus leeren Joghurtbechern in den Sammelstellen. Hunderte von Polsterauflagen werden durchgelegen und ausgewechselt. Durchgebrannte Glühlampen und Leuchtstoffröhren landen in Spezialcontainern, ebenso Folien, Konservendosen und Altpapier. Unvorstellbare Mengen an leeren Flaschen finden sich im Altglassilo wieder. Im Maschinenraum wird Schmieröl von Schwefel und Ruß durchsetzt und in die Altöltanks gepumpt.
Bei all dem vielen Müll, den Rückständen und Gefahrenstoffen, hätte der Kapitän eines Kreuzfahrtriesen schon unzählige Sorgenfalten haben müssen, wenn er nicht die Entsorgung aller Problemstoffe bereits gut organisiert hätte.

Im Hamburger Hafen kommt Schlepper HANSESLOP I mit einem Spezialponton längsseits, lange bevor die nächsten Passagiere an Bord des großen Luxusliners gehen.

Der Ponton bietet Spezialtanks mit entsprechenden Pumpsystemen sowie eine große Ladefläche für feste Abfallstoffe und Sperrmüll jeder Art.

Damit geht der Schlepper an eines der großen Außenschotts heran. Hier wird der gesamte Müll, der während der letzten Reise gesammelt wurde, übergeben.

Altöl, Klärschlamm und sogar Laugen und Säuren werden in spezielle Behälter abgepumpt. Anschließend werden die Tanks des Kreuzfahrtschiffes gereinigt. Doch was geschieht mit dem Müll?

Der Schlepper, übrigens ein in seiner äußeren Form und Erscheinung recht ansprechendes Fahrzeug, gehört zur Hamburger Schiffsentsorger GmbH.

Dort fragte ich nach.

Am Telefon meldete sich Herr Brandes. Ich erhielt nähere Informationen und die Möglichkeit einmal vorbeizuschauen.

Schiffsentsorger gehören zu den Frühaufstehern. Hier fährt der Schlepper mit dem Ponton HANSESLOP 3 zum Kunden.

Zur Betriebsniederlassung der Schiffs-
entsorger fuhr ich zunächst mit der S-Bahn
bis Veddel. Ich hatte einen sehr detaillierten
Stadtatlas dabei. Kein Problem also vom
Bahnhof zur Peutestraße zu gelangen.
Wie immer ging ich systematisch vor.
Ich schaute einfach nach dem nächsten
Straßenschild in meiner Umgebung, um
meine "Position" zu bestimmen und diese
dann in meiner Karte wiederzufinden.
Als Hobby-Nautiker fand ich mich in
meinem Element. Straßenschilder waren
hier jedoch Mangelware. Es gab gewisse
Hinweise aber auch Widersprüche. Die
Hauptrichtung war im Grunde klar, nur
die ersten Meter mussten wohl durchdacht
werden...
Irgendwann wurde ich angesprochen.
Eine Frau brachte mich schließlich über
einige Verkehrskreuzungen zu einer
Unterführung. "Hinter diesem Tunnel
müssen Sie sich links halten, dann
kommen Sie auf die Peutestraße". Ich
bedankte mich. Es klappte hervorragend.
Allerdings war es schon später Nachmittag
und ich hatte bereits einige Erkundungen
hinter mir. Vor mir lag nun die Peutestraße,
eine schnurgerade, endlose Piste.
Ich hoffte, dass die Hamburger Schiffsentsorger GmbH nicht ausgerechnet am
anderen Ende liegen würde. - Natürlich
war das der Fall. Zwischen Lagerhallen
und Industrieanlagen war ich
der einzige Fußgänger. Am
Straßenrand standen einige
Sattelauflieger.

Ein Sattelschlepper raste an mir vorbei.
"Endgeschwindigkeit", dachte ich.
Die Straßenverkehrsordnung schien hier
ein Märchen aus einer anderen Welt zu
sein. Ich wurde müde aber meine Füße
funktionierten noch.
"Da muss ich jetzt durch", träumte ich.
Links kam nun eine größere Firma.
Die Hausnummer stimmte. ASCALIA
Kreislaufwirtschaft GmbH stand dran.
Ich ging hinein.
"Hamburger Schiffsentsorger GmbH -
2. Obergeschoss", las ich auf einem Schild.
Auf dem Flur traf ich auf Herrn Brandes.
Dieser führte mich in einen großen Raum
an einen großen Tisch und nahm sich viel
Zeit, um mir zu erklären, worum es sich
bei der Schiffsentsorgung handelt und
worum es dabei geht.
Die Gesellschaft ist ein Tochterunterneh-
men der ASCALIA Kreislaufwirtschaft
GmbH. Im Prinzip übernehmen die
Schiffsentsorger den Müll von den Schiffen
und transportieren ihn hierher, zu diesem
Recyclingbetrieb. Hier werden die Abfälle
nicht einfach nur gepresst und verbrannt
sondern zurückverwandelt!
Altöl wird aufbereitet, Schlamm gefiltert
und Emulsionen werden gespalten.
Die verschiedenen festen Stoffe werden
mit einem großen Portalkran den
entsprechenden Behandlungsanlagen
zugeteilt. Dies sind zum Beispiel Misch-
und Konditionierungsanlagen oder Silos
für Zuschlagsstoffe.

Neben HANSESLOP I gehören auch die
Transportpontons HANSESLOP 2, 3 und 4,
sowie das Tankmotorschiff HANSESLOP 5
zum Unternehmen der Schiffsentsorger.
Die Pontons werden grundsätzlich von
HANSESLOP I geschoben. Dafür wurde
der Schlepper mit einem Schubsteven und
mit Koppelwinden ausgerüstet.
Der Schlepphaken wurde abgebaut.
Das Fahrzeug wird derzeit ausschließlich
als Schubschiff eingesetzt.
Es wurde 1959 in den Niederlanden gebaut
und hieß damals LODEWAYK.
Im Jahr 2006 übernahm die Hamburger
Schiffsentsorger GmbH das Schiff.
Ein V-Motor der Marke MAN wurde
eingebaut. Der neue Motor ist in seinen
Abmessungen wesentlich kleiner als der
alte, leistet jedoch stolze 600 PS.
Am nächsten Morgen sollte der Schlepper
auf der Behrenswerft in Hamburg-Finken-
werder geslipt werden. Der Eismonat
Februar 2012 hatte möglicherweise auch
bei HANSESLOP I gewisse Spuren
hinterlassen. Daher sollten Rumpf und
Schraube auf Schäden untersucht werden.
Ein neuer Schutzanstrich wäre für den
Unterwasserteil des Schiffes ohnehin fällig.
Ich dankte Herrn Brandes für die
Erläuterungen und besuchte am nächsten
Morgen die Behrenswerft in Finkenwerder.

HANSESLOP I mit vorgespanntem Ponton

*Zum Unternehmen der Hamburger Schiffsentsorger GmbH gehören neben dem Schlepper
HANSESLOP I, drei Transportpontons und ein Tankmotorschiff.*

Der Schlepper wird geslipt

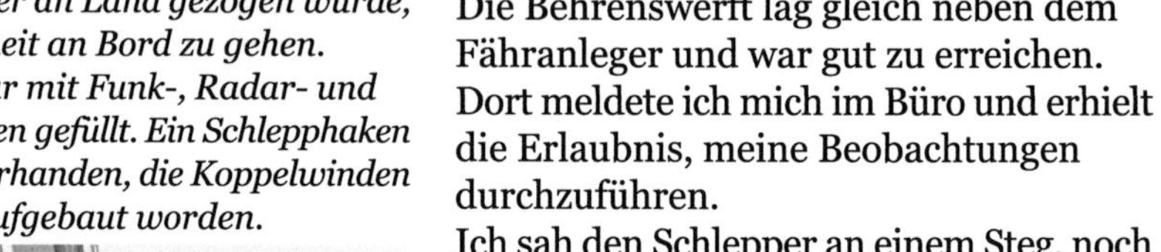

Bevor der Schlepper an Land gezogen wurde, hatte ich Gelegenheit an Bord zu gehen.
Der Fahrstand war mit Funk-, Radar- und Steuereinrichtungen gefüllt. Ein Schlepphaken war nicht mehr vorhanden, die Koppelwinden waren am Heck aufgebaut worden.

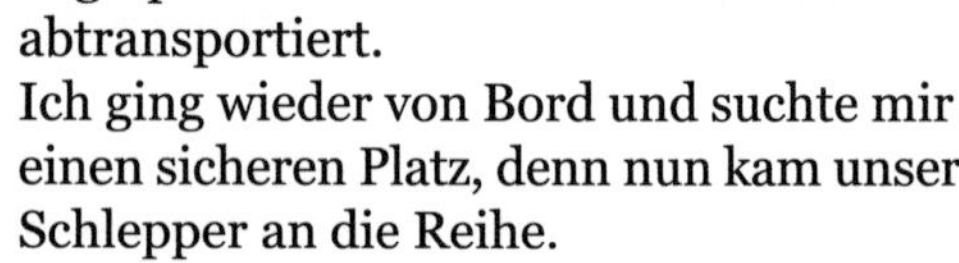

Die Behrenswerft lag gleich neben dem Fähranleger und war gut zu erreichen. Dort meldete ich mich im Büro und erhielt die Erlaubnis, meine Beobachtungen durchzuführen.

Ich sah den Schlepper an einem Steg, noch im Wasser liegend. Auf der linken Slipanlage stand noch ein Schubleichter. Weiter oben war der Schlepper SCHLEPPKO 3 zu sehen, mit Böcken abgestützt und ohne Ruderblatt. Es würde also noch etwas dauern, bis die Anlage frei sein würde und ich ging den Steg in Richtung HANSESLOP I entlang, um den Schlepper aus der Nähe zu betrachten. Der Schiffsführer gestattete mir sogar an Bord zu kommen, sodass ich einige Details sehen konnte. Unterdessen kam der Leichter wieder ins Wasser. Er wurde von einem Schubschiff in Empfang genommen, angespannt und mit dröhnenden Motoren abtransportiert.

Ich ging wieder von Bord und suchte mir einen sicheren Platz, denn nun kam unser Schlepper an die Reihe.

Dafür musste zunächst der Wagen, auf dem das Schiff an Land gezogen werden sollte, umgebaut und vorbereitet werden. Ein Ponton hat natürlich eine ganz andere Unterwasserform als ein Schlepper. Leider gab es von HANSESLOP I keine Werftzeichnungen oder Dockpläne mehr. Die Leute von der Werft kamen natürlich auch so zurecht. Schließlich war das nicht der erste Schlepper, der geslipt werden sollte.

Der Slipwagen wurde also verkürzt.
Ein Mittelstück wurde herausgenommen
und per Mobilkran zur Seite gelegt.
Die seitlichen Stützen wurden eingerichtet
und hölzerne Pallen (Beilagen oder Auf-
lagen) mit Stahlklammern angeschlagen.
Schließlich wurde das Gefährt auf der
Rampe herabgelassen, bis es völlig im
Wasser verschwand. Kleine Schwimm-
körper blieben jedoch an der Oberfläche
und markierten die Position.
Der Schlepper wurde nun langsam mit
Leinen vor die schräge Rampe geführt und
maßgenau zwischen den schwimmenden
Markierungen gehalten. Nun wurden die
Leinen der Schwimmkörper mit Boots-
haken von Deck aus geangelt und über
Kreuz dichtgeholt, bis die Stützen nicht
mehr nachgaben und fest am Rumpf saßen.
Die Motorwinden liefen an.
Schiffbauer, Kapitän, Werftleiter,
Windenführer, Schweißer, Elektriker,
Eigner, Zimmerer, Versicherer, Reporter
und Verwaltungsangestellte am
Bürofenster fixierten das kleine Schiff.

*Nachdem der Slipwagen mühsam eingerichtet
und der Schlepper exakt darüber ausgerichtet
wurde, stiegen Schiff und Wagen langsam aus
dem Wasser.*

HANSESLOP I stieg mit dem Bug voran,
zentimeterweise aus dem Wasser.
Bald stand der Schlepper so weit oben,
dass das Unterwasserschiff besichtigt
werden konnte. Sogleich wurde der
Propeller unter die Lupe genommen.
Es schien soweit alles in Ordnung zu sein.
Im Übrigen lässt sich ein Schiffspropeller
durchaus überarbeiten und muss bei
kleinen Schäden nicht gleich ersetzt
werden.
Soetwas käme dann wirklich teuer.
Ein frei laufender Propeller ist bei Eisgang
auch nicht so gefährdet, wie ein Propeller,
der in einer Kort-Düse läuft.
Hier können sich Eisbrocken verkeilen und
eher Schäden verursachen.

*Der Schlepper steht gesichert an Land und
wird sogleich untersucht.
Ein besonderes Augenmerk gilt dabei dem
Antriebspropeller.*

*Während die Arbeiten an HANSESLOP I
vorbereitet werden, wird am oberen Ende
der Slipanlage der Schlepper SCHLEPPKO 3
instandgesetzt.*

HANSESLOP I wurde überholt und bekam einen neuen Unterwasseranstrich. Während dieser kurzen Zeit übernahm Schlepper KATRIN vom Schleppkontor Meyrose die Vertretung.
So war alles bestens organisiert und unser Schlepper konnte wenige Tage später wieder voll in den Einsatz gehen!

HANSESLOP I - Datenübersicht

gebaut: 1959 in den Niederlanden
als Schlepper LODEWAYK
Länge: 19,67 m
Breite: 5,40 m
Tiefgang: 2,40 m
Antriebsmaschine: MAN V8-Diesel
Leistung: 600 PS
Geschwindigkeit: 10 kn
Pfahlzug: 8 t

Ponton HANSESLOP 3 wird zum Kunden befördert.
Der Spezialponton ist 32,5 m lang und 8,2 m breit. Sein Tankvolumen beträgt 398 cbm.

Motortankschiff HANSESLOP 5 gehört ebenfalls zur Flotte.
Es ist 33 m lang und 4,7 m breit.
Sein Tankvolumen beträgt 128 cbm.
Wie die Pontons, so ist auch das Tankschiff mit Pumpen, Kompressoren, Ölabsorbern, Wasserabscheidern und zur Aufnahme von speziellen Gefahrstoffen ausgerüstet.

Unterwegs mit Schlepper **JÖRN**

6.30 Uhr Hamburg-Billbrook, Tidekanal: Die Sonne war vor etwa 10 Minuten aufgegangen und spendete diffuses Licht. Es war ein feuchtkalter Donnerstag, Anfang April 2012.

Als ich im Travehafen an Bord des Schleppers ging, war es noch stockdunkel gewesen. Ich stellte mich als eine Art Reporter vor und Kapitän Kreker empfing mich, ohne lange Reden zu schwingen. "Heute gibt es nichts Besonderes, nur das normale Tagesgeschäft", sagte er.

Wir fuhren zunächst nach Billbrook, um den ersten Anhang an diesem Tag zu übernehmen. Es war eine Schute, 70 m lang, mit einer Ladekapazität von 1200 t. LAUK 29 stand dran.

Unser Schlepper war nun dabei, das Objekt zu drehen. Als dieses jedoch quer im Kanal stand, gab es einen spürbaren Widerstand.

Die Schute steckte fest.

Wir hatten bereits ablaufendes Wasser. Mit voller Maschinenkraft gelang es gerade noch, den Bug der Schute durch den Uferschlick zu schleppen.

Der Anhang kam zum Glück wieder frei. Voll beladen hätte dieses große Ding bei noch weniger Wasser garnicht mehr gedreht werden können. Für die spätere Weiterfahrt lag die Schute nun in der gewünschten Richtung. Sie wurde an die Kaimauer bugsiert, festgemacht und konnte beladen werden.

Hier, bei der Firma AKF, wurden schwerste Objekte in große Holzkisten verpackt und verladen. Es kam vor, dass ein einzelnes Packstück über 100 Tonnen wog.

Das konnten Transformatoren, große Motoren, Generatoren oder schwere Maschinenteile sein.

Solche Dinge auf Landwegen zu transportieren, wäre glatter Wahnsinn gewesen. Daher hat sich die Schwerindustrie an den Wasserstraßen angesiedelt. Auf dem Wasser lassen sich schwerste Objekte viel leichter bewegen, vorausgesetzt es ist ein schwimmfähiger Untersatz vorhanden und ein Spezialschiff, das diesen vorantreibt.

Bei ablaufendem Wasser gelang es gerade noch, die Schute zu drehen.

In diesem Fall steht der Schlepper JÖRN
als treibende Kraft im Mittelpunkt der
Transportaufgaben.
Mit dem Schubschlepper VINCENT,
den Schubschiffen MAX und WALTER,
einigen Binnenfrachtschiffen und Schuten
sowie Fahrzeugen an Land, gehört JÖRN
zum Transport- und Logistikunternehmen
Walter Lauk.
JÖRN wurde 1914 gebaut, damals natürlich
noch mit Dampfantrieb. Durch den Umbau
zum Motorschlepper entstand viel Platz
im tiefen Bauch des Schiffes. Die Kohlebunker wurden durch zwei Öltanks ersetzt.
In jeden Tank passen 4000 Liter Dieselöl.
Der ungefähre Tagesverbrauch liegt bei
200 Litern.
Das scheint für Jemanden, der täglich mit
dem Auto unterwegs ist, viel zu sein.
Bedenken wir aber, welche Gütermengen
damit bewegt werden, ist der Energieauf-
wand im Vergleich zur Straßenbeförderung
gering.
Der Ladevorgang war abgeschlossen.
Es ging weiter.

*Die Schute LAUK 29 wird mit Schwergütern
beladen. Erstaunlicherweise hat der Mobilkran
eine größere Hebekraft als die Ladebrücke.*

Die Schute wird festgemacht und die Fahrt geht durch die Billwerder Bucht zur Norderelbe.

Die beiden Schleppleinen wurden um die Poller, an den vorderen Ecken der Schute gelegt. Zwei bis drei Monate halten die Leinen im Durchschnitt. Dann sind die Augen soweit ausgescheuert, dass sie ersetzt werden müssen.

Unser Schlepper zog langsam an und es ging zunächst unter Straßen- und Eisenbahnbrücken hindurch in die Billwerder Bucht, am neuen Kraftwerk Tiefstack vorbei. Auch hier wird der Brennstoff, also die Steinkohle, preiswert über den Wasserweg angeliefert. Verbrennungsrückstände wie Asche und Schlacke, sowie Gips aus der Entschwefelungsanlage des Werkes, werden per Schute zu den Baustofffabriken gebracht und dort wieder verwertet.

Durch ein Sperrwerk, welches bei Bedarf das Hinterland vor den Fluten der Elbe schützt, gelangten wir auf den breiten Arm der Norderelbe und waren auch bald unter den Elbbrücken hindurch.

Nach zwei weiteren Kilometern erschien an Backbordseite unser nächstes Ziel, das Süd-West-Terminal.

Diese Umschlaganlage wurde für schwere und sperrige Ladungsteile eingerichtet.

Eine Kastenschute neigt dazu, seitlich auszuscheren. Besonders an Engstellen. Dort wird die Driftbewegung durch Sogkräfte verstärkt. Hier ist erhöhte Aufmerksamkeit geboten. Im Übrigen sind die Brückenpfeiler meistens durch dicke Stahlrohre (Pylone) vor Beschädigungen geschützt.

Hier galt die Elbe natürlich auch als Seeschifffahrtsstraße.

Unser Schleppverband kreuzte den Strom und erreichte die hohe Kaianlage des Terminals. Hier sollten die Kisten für kurze Zeit zwischengelagert und dann auf dem Seeweg weitertransportiert werden. Beim Löschen (Entladen) der Schute brauchte Schlepper JÖRN nicht anwesend zu sein. Wir verholten zum Togo-Kai und übernahmen dort eine andere, leere Schute. So blieb der Schlepper stets in Bewegung und wurde fortwährend genutzt.

Die Schute wurde "an die Seite" genommen. Dabei geht ein Schlepper stets am hinteren Ende einer Schute längsseits. So bleibt das Heck mit Schraube und Ruderblatt hinten und der Verband lässt sich gut steuern. Mit einer langen Kopfleine, einer Querleine und einer kurzen Achterleine wurde JÖRN angespannt und sogleich mit der Schute in Fahrt gebracht.

Zum Schieben ist unser Schlepper nicht ausgerüstet. Es sind keine Koppelwinden vorhanden, welche die Verbindungsdrähte zum Bug unter Spannung halten. Daher kann mit JÖRN nur über das Heck oder seitlich geschleppt werden.

Schleppzug JÖRN nähert sich dem Süd-West-Terminal

Nachdem der beladene Anhang zur Kaianlage gebracht und dort befestigt wurde, wird eine andere, leere Schute seitlich angespannt. Es ist ebenfalls eine Kastenschute des Unternehmens Walter Lauk, zu erkennen an dem blau-roten Anstrich, allerdings mit nur etwa 600 t Zuladung.

Kapitän Andrey Kreker am Steuer auf dem Schlepper JÖRN

Der Strom der Elbe hatte uns wieder. Vorbei am India- und Hansahafen, dem Amerikahöft, dem Segelschiff- und dem Moldauhafen, bogen wir nach steuerbord in den Peutekanal ein. Es ging wieder unter einigen Brücken hindurch.

In Hamburg gibt es mehr Brücken als in Amsterdam und Venedig zusammengenommen, heißt es.

Nun hatte ich den Beweis und auch die Orientierung verloren.

Aber ich war ja nur Gast an Bord und durfte auch mal orientierungslos werden. Anders der Schiffsführer. Ruhig und aufmerksam zugleich steuerte Kapitän Andrey Kreker den Verband durch Kanalkreuzungen und um Biegungen herum. Ungeachtet seines jugendlichen Alters, verfügt er über ein enormes Maß an praktischer Erfahrung und Fingerspitzengefühl, wohl nicht zuletzt durch den täglichen Umgang mit diesem Schiff und in diesem Revier.

Decksmann und Maschinist Vladimir Klutschnikow stand jetzt als Ausguck auf dem Bug der Schute, um mögliche Entgegenkommer mit einem Handfunkgerät an den Schlepperführer zu melden.

Er war einigermaßen warm und wetterfest gekleidet. Dennoch kam die feuchte Kälte hier draußen irgendwann durch.

Der Schlepper musste wegen der Manövrierbarkeit hinten angespannt bleiben.
Nur konnte man vom Ruderhaus nicht um
die nächste Biegung sehen. Die Kanäle
waren von hohen Flutmauern umgeben.
Diese ließen sich mit keinem Radargerät
durchdringen. Daher war jetzt ein Ausguck
unbedingt erforderlich. Das gewohnte
Arbeitsgeräusch der Antriebsmaschine
verbreitete Zuversicht und Sicherheit.
Das Ruderblatt reagierte exakt auf jede
kleinste Bewegung des Joysticks. Das
große, hölzerne Steuerrad war auch noch
vorhanden und betriebsbereit, aber der
kleine Hebel war einfach praktischer.
Für eine vollständige Bewegung des
Ruderblattes von hart-backbord bis hart-
steuerbord (oder umgekehrt), benötigt die
Hydraulik einen Zeitraum von 14 Sekunden.
"Schleppzug JÖRN vom Peutekanal in den
Müggenburger Kanal", kam Andrey Kreker
jetzt auf UKW-Kanal 74 durch. Das ist die
allgemeine Hafenfrequenz, auf der die
Schiffe im Hafen untereinander in Kontakt
stehen. Manöver an unübersichtlichen
Stellen werden vorab durchgegeben.

*In den Kanälen wurde es unübersichtlich.
Mögliche Entgegenkommer mussten per
Ausguck vom Bug der Schute aus wargenom-
men und per Funk gemeldet werden.*

Wir waren jetzt bei Arubis angekommen. Früher nannte sich dieses Werk Norddeutsche Affinerie, umgangssprachlich Kupferhütte oder einfach nur "Affi".
Es ging also um Kupfer, um schweres Zeug. Die Schute wurde festgemacht und beladen. Jedes der "kleinen Päckchen", das im Laderaum verschwand, brachte immerhin 2,8 t auf die Waage. Damit umzugehen verlangt von Ewerführern, Stauerleuten und Kranführern größtmögliche Umsicht. Na ja, wer möchte schon von Kupferplatten zugedeckt werden? Unsere Schute trug maximal 458 t, also etwa 30 mal soviel wie ein LKW.
Das Wasser lief weiter ab. Nun wurden die Sperrwerke geschlossen, damit die Kühlwasserrohre der Produktionsanlagen während der Niedrigwasserperiode nicht leerliefen. Wir saßen also fest.
Die Zeit wurde genutzt, um benachbarte Schuten zu verholen und um Dreck aus den Ladewannen zu kehren.

Bei Arubis, dem Kupferwerk, wurde die Schute festgemacht und mit Kupferplatten beladen.

Der Decksmann steigt auf eine weitere Schute über. Diese soll als nächstes verholt werden.

"Gestern waren wir wieder mal auf Grund gelaufen", erzählte mir Herr Kreker. "Wir steckten genau unter einer Brücke". "Ist Jemand verletzt?", kam es besorgt von oben. Eine Polizeistreife war zufällig in der Nähe gewesen und riegelte den Bereich sofort ab. "Nein, hier ist alles in Ordnung", entgegneten die Schlepperfahrer.
Kurz darauf setzte die Flut ein und die Fahrt wurde fortgesetzt. "Wir können achtern auch Ballastwasser aufnehmen und abgeben", erfuhr ich. "Wenn's darauf ankommt, fährt JÖRN sogar durch Schlick". Das schien mir nichteinmal übertrieben. Die Außenhaut des Rumpfes ist 8 mm stark. Vorn ist das Blech etwas dicker. 8 mm, das fand ich recht wenig. Für einen Veteranen, der in zwei Jahren hundert wird, hat sich das Schiff gut gehalten. Binnenschiffe rosten eher von innen als von außen, hatte ich schon mehrfach gehört. Es gibt also nicht das Problem mit dem Salzwasser, sondern Kondenswasser im Inneren des Schiffes. JÖRN wurde allerdings immer gut beheizt, belüftet und gewartet. Demnächst steht auch wieder Rostklopfen auf dem Programm.
Viel Rost war jedoch nicht zu sehen.

Schuten werden auch per Hand bewegt.
Dazu bedarf es viel Kraft und viel Geduld.

Ich nutzte den Aufenthalt während des Niedrig-
wassers, um den Schlepper näher zu besichtigen.

Im Ruderhaus war der Radarschirm zur Zeit
abgedeckt. Darüber hing die Auftragsliste.

Den Schleppbock sollte man lieber nicht
anfassen (so wie ich es tat). Das Fett bekommt
man sehr schwer von den Fingern herunter.

Der Schlepphaken kann per Drahtauslösung
entriegelt werden.

Die Kabine befindet sich im Vorschiff und ist
Privatbereich. Die habe ich nicht betreten.

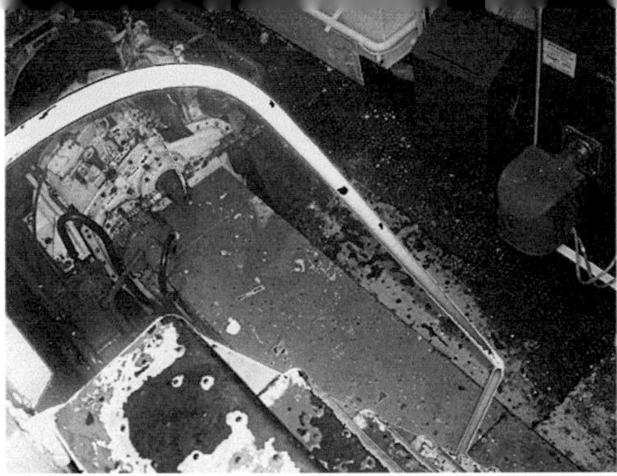

Achtern gab es zwei Luken. Eine führte in den Maschinenraum, die andere in einen Stauraum, in dem unter anderem Pumpen, Leinen, Spanngurte, Farben und Eimer verstaut waren.

Der Werkstattbereich befand sich im Maschinenraum und wirkte übersichtlich, und aufgeräumt. Der Antriebsmotor war eine 6-Zylinder-Maschine der Marke Cummins mit 425 PS. Sie wurde vor zweieinhalb Jahren eingebaut und hatte inzwischen 7925 Betriebsstunden auf der Uhr.

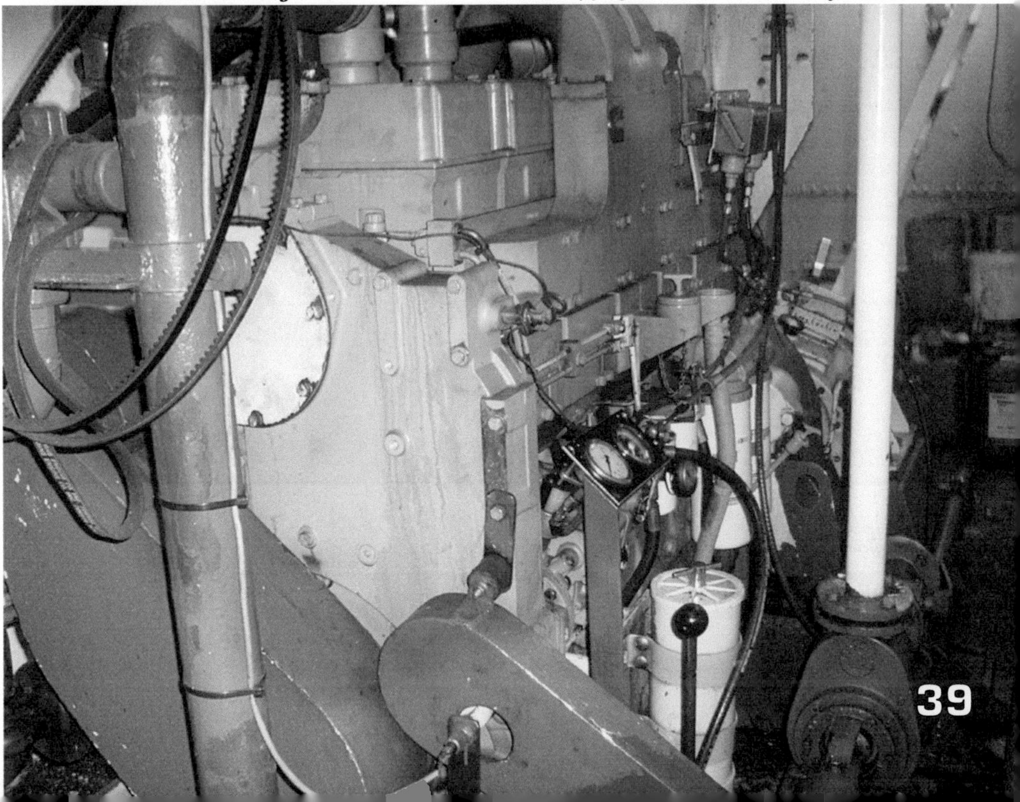

Die Flut kam. Die Sperrwerke öffneten. Ich konnte sehen, wie das Wasser um uns herum in Bewegung geriet.

Wir übernahmen eine leere Schute und bugsierten das Transportgerät unter eine Verladebühne.

Das heißt im Klartext: Bei Vollvoraus die enge Ladestelle anvisieren, hart-steuerbord geben und die Schute genau auf den Punkt setzen.

Die nächste Ladung wurde übernommen.
Schwerste Packstücke senkten sich auf die Schute herab.
Für die letzten Zentimeter wurde der Kranführer vom Decksmann per Hand-zeichen eingewiesen.

Es bollerte, dröhnte und passte auch so einigermaßen. Auf der Kaianlage war die Schute bereits erwartet worden. Das Schiff stand zwar etwas schräg unter der Ladebrücke aber der Kranführer konnte die Last drehen und der Schräglage der Schute anpassen.

Schwerste Ladungsstücke kamen jetzt von oben herab und wurden fachgerecht verstaut. Es vergingen nur Minuten, dann war der Vorgang abgeschlossen.

Weiter ging es 'gen Westen, durch den Müggenburger Zollhafen, an der S-Bahnstation Veddel vorbei in den Spreehafen und durch den Veddelkanal in den Klütjenfelder Hafen.

Ich musste wegen weiterer Recherchen noch zum Reiherdamm.

Die Ellerholzschleuse bot sich als Möglichkeit für mich von Bord zu gehen. In der Schleusenkammer nahm ich dankend Abschied.

Mit derben Handschuhen erklomm ich die eisernen Sprossen, die in der Schleusenwand eingelassen waren.

Ich fühlte mich, als ob ich ein ganzes Jahr zur See gefahren wäre und wandte mich etwas schwankend ein letztes Mal nach dem Schleppzug um.

"Heute gibt es nichts Besonderes", wurde mir morgens gesagt.

"Das ist einfach nur Tagesgeschäft…"

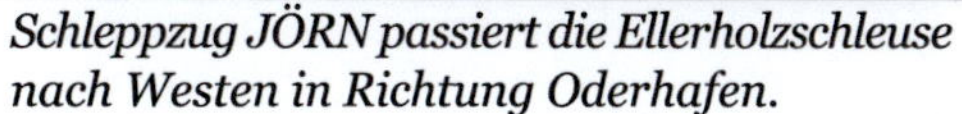

Schleppzug JÖRN passiert die Ellerholzschleuse nach Westen in Richtung Oderhafen.

Es wäre schon ein großer Zufall, dem Schlepper JÖRN im täglichen Hafenbetrieb nicht zu begegnen.
Mitunter ließ selbst ich schon Gelegenheiten verstreichen, dieses Schiff mit Anhang zu fotografieren.
Die vielen Bilder wären kaum voneinander zu unterscheiden gewesen.

In freier Fahrt kann der Schlepper durchaus eine enorme Welle ziehen.

Im Frühjahr 2014 sah ich den Schlepper morgens zufällig an den Landungsbrücken. JÖRN trug einen frischen Anstrich, ein blaurotes Band am Ruderhaus und eine Internetadresse am Schanzkleid.

Das Schiff war nun 100 Jahre alt.

Ab und zu wurde es beim Schleppen sogar von Barkassen umrundet, mit Gästen aus aller Welt, die dem Schleppzug viel Beachtung schenkten.

So kam ein "Tagesgeschäft" zum nächsten hinzu, mit einer zwar jungen aber erfahrenen Besatzung, die noch etwas vor hat.

JÖRN - Datenübersicht

Eigner: Walter Lauk - Transport und Logistik
Baujahr: 1914 (Dampfschlepper)
Bauwerft: Gebrüder Sachsenberg, Köln-Deutz
Umbau zum Motorschlepper - 1955 auf der Schiffswerft Heinrich Sunkel, Hamburg-Veddel
Länge: 18,09m **Breite:** 5,12m **Tiefg.:** 2,60m
Antriebsmaschine: 6-Zylinder Dieselmotor
Hersteller. Cummins   **Leistung:** 425 PS
Bunkerkapazität: 8 cbm

Ausrüstung: hydraulische Ruderanlage, Schlepphaken mit Drahtauslösung, Schleppbock, Lenzpumpen, Werkstattbereich, Radar, Magnetkompass, UKW-Funkanlage

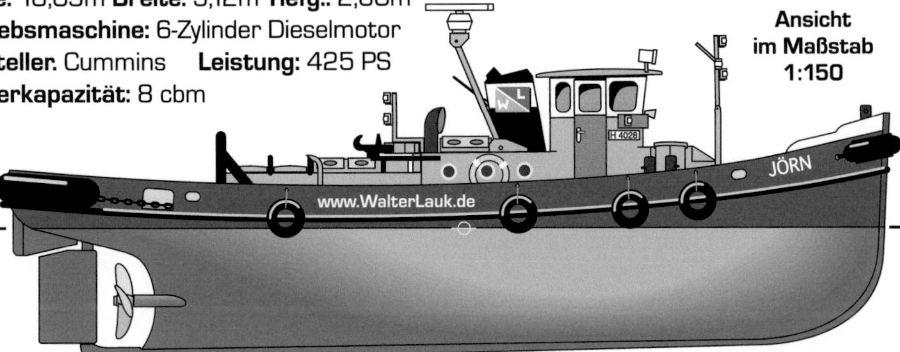

Ansicht
im Maßstab
1:150

Walter Lauk
Ewerführerei GmbH

Schubschiff **WALTER**

Mit hohen Schubschultern, Koppelwinden, ausfahrbarem Ruderhaus, kompakten Abmessungen und zwei Antriebspropellern ist das Schubschiff WALTER dazu geeignet, schwere Koppelverbände auf engstem Raum zu bewegen.

Das Einsatzgebiet des Spezialschiffes beschränkt sich normalerweise auf das Revier des Hamburger Hafens.

Der Farbton der Aufbauten wurde mehrfach geändert. Gegenwärtig (2014) trägt WALTER einen rotbraunen Anstrich.

Datenübersicht

Baujahr: 1977
Länge: 12,24m **Breite:** 8,64m **Tiefg.:** 1,50m
Maschinenleistung: 2 x 350 PS

Schubschiff **MAX**

Mit 1200 PS ist das Schubschiff MAX ein besonders leistungsstarkes Fahrzeug des Unternehmens Walter Lauk.
Das Schiff ist über 20 m lang und hat entsprechend langgezogene Aufbauten. So bietet es der Besatzung ausreichend Platz, auch für längere Reisen.
Das Ruderhaus lässt sich auf einem hydraulischen Stempel weit ausfahren und ermöglicht eine gute Sicht über hohe Ladungsteile auf großen Schubleichtern. Wie auch das Schubschiff WALTER, so ist MAX ausschließlich für das Schieben von Kastenschuten und Leichtern konstruiert worden.

Schubschiff MAX am Liegeplatz im Travehafen und in Fahrt auf der Norderelbe

MAX kommt zur Überholung in die Werft M. A. Flint am Reiherstieg.

Datenübersicht

Baujahr: 1970
Länge: 20,80m **Breite:** 8,43m **Tiefg.:** 1,30m
Antriebsmaschinen: Detroit-Diesel
Leistung: 2 x 600 PS

Schubschlepper VINCENT
Das neue Flaggschiff und Kraftpaket

Das Transport- und Logistik Unternehmen Walter Lauk besteht seit gut 30 Jahren und vergrößert sich.

Im Juli 2012 gab es bei den Hafenfahrzeugen einen neuen Zulauf. Der Schubschlepper VINCENT wurde angeschafft.

Das Schiff wurde 1956 auf der Werft Jonker & Stans in Hendrik Ido Ambacht bei Rotterdam gebaut. Zunächst als reines Schleppfahrzeug mit einer Maschinenleistung von 300 PS.

Es wechselte mehrfach den Eigner, wurde mehrfach umbenannt, modernisiert und zum Schubschlepper umgebaut.

Das neue Ruderhaus lässt sich hydraulisch sehr weit hochfahren. Damit können sogar dreilagige Containerladungen überschaut werden.

Der neue Motor, ein Caterpillar - C 3512 mit 12 Zylindern, leistet 1250 PS. Das Schiff ist mit einer Kort-Düse und mit einem Van Velden Doppelruder ausgestatten und verfügt über eine enorme Schubkraft und eine hervorragende Manövrierbarkeit.

Schubschlepper VINCENT kommt auch mit großen Leichtern schnell voran.

Datenübersicht

Baujahr: 1956
Werft: Jonker & Stans, Niederlande
Auftraggeber: Schleppdienst Onafhankelijke,
    Reederei Volharding (Rotterdam)
ursprünglicher Name: VOLHARDING 9
weitere Namen: DOCAT 9, BECO I, FRISO,
    RETRO, XEPHIA, RIO-TEJO
Ankauf von Walter Lauk im Juli 2012,
    umbenannt in VINCENT

Länge: 24,57m **Breite:** 5,72m **Tiefg.:** 2,82m
Antriebsmaschine: Caterpillar-Diesel
Leistung: 1250 PS

Auf meinem Weg zur Arbeit sah ich VINCENT im Niederhafen, längsseits am Schlepper KATRIN liegen. Das war im Sommer 2013. Im Hintergrund machte sich gerade der HALUNDERJET auf den Weg nach Helgoland.

Schleppkontor Meyrose

Das Schleppkontor Meyrose besteht seit 1931. Es wurde von Karl Heinz Meyrose gegründet und betrieben. Der Unternehmer war nicht nur "Chef", sondern packte bei der Arbeit immer mit an.

Es wurden zunächst kleinere Transporte mit Barkassen und Schuten durchgeführt. Durch die erfolgreiche Arbeit konnten weitere Barkassen hinzugekauft und das Unternehmen vergrößert werden.

Leider kam der Unternehmensgründer durch einen Unfall ums Leben. Er stürzte von Bord und geriet unter dichtes Treibeis.

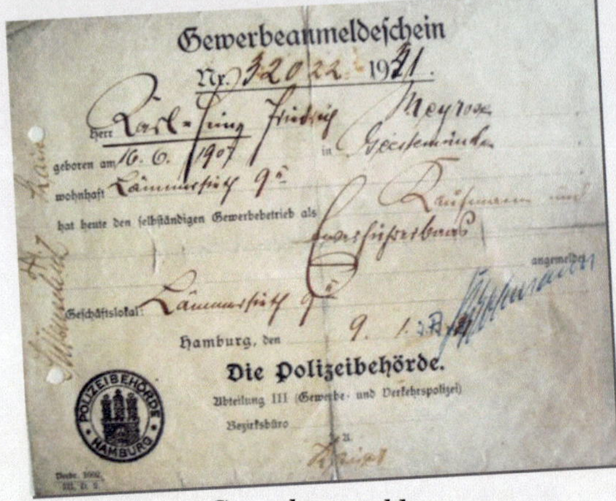

Gewerbeanmeldung von 1931

Sein Sohn Dieter war damals erst 19, führte den Betrieb mit Hilfe seiner Mutter jedoch weiter und war in dieser Zeit der jüngste Schiffsführer im Hamburger Hafen.

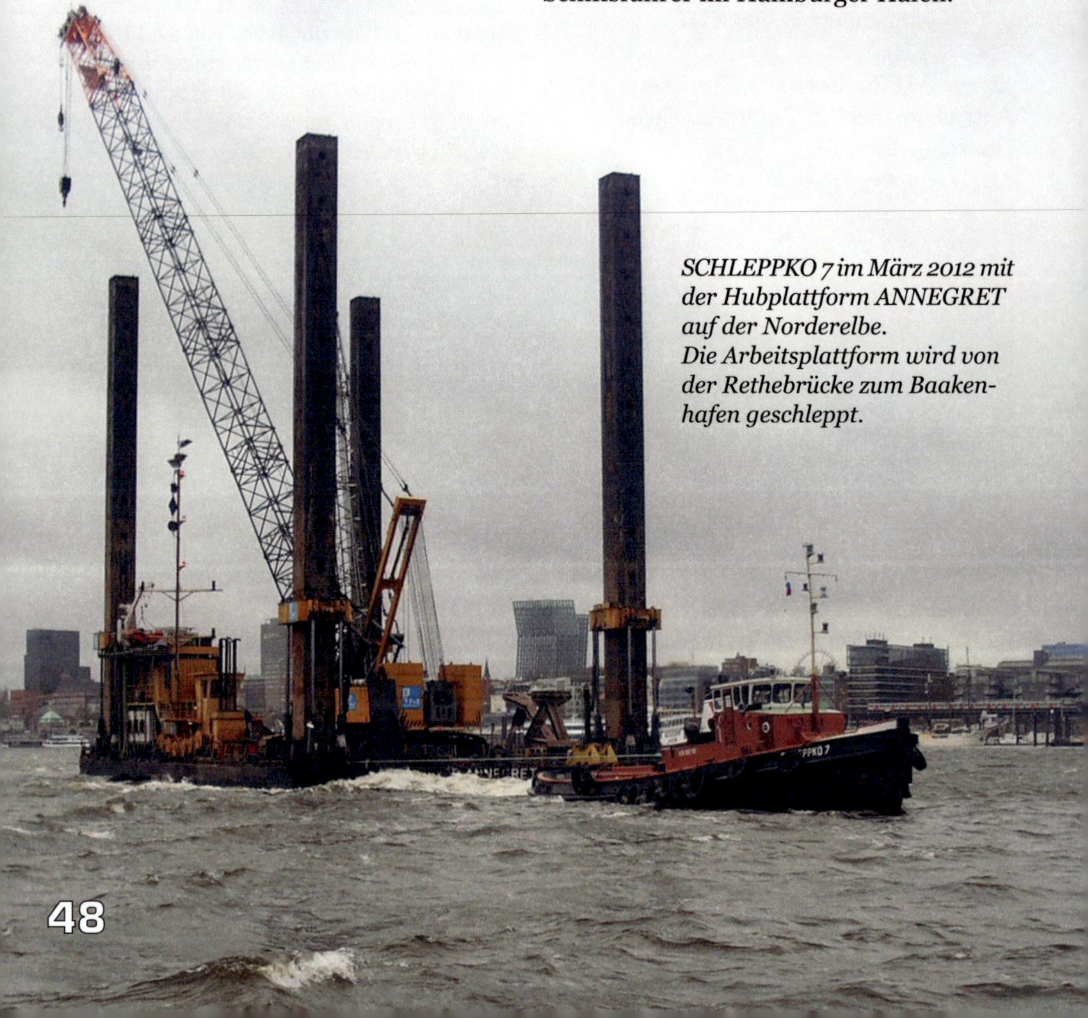

SCHLEPPKO 7 im März 2012 mit der Hubplattform ANNEGRET auf der Norderelbe.
Die Arbeitsplattform wird von der Rethebrücke zum Baaken-hafen geschleppt.

Inzwischen wird das Unternehmen bereits in der dritten Generation von den Brüdern Karl Heinz und Karsten Meyrose geführt. Die Betriebsniederlassung befindet sich seit 1998 in der Industriestraße in Hamburg-Wilhelmsburg. Hier gibt es ausreichend Platz für Büros und Gerätehallen. Eine wasserseitige Anbindung über den Veringkanal zum Reiherstieg ist ebenfalls vorhanden.

Neben zahlreichen LKW's und Sattelaufliegern für die Transporte an Land, gehören derzeit acht Schlepper, drei Barkassen sowie einige Pontons und Schuten zum Unternehmen. Damit werden Güter und Arbeitsgeräte, wie zum Beispiel große Bauteile für die Industrie, Baggergut oder Schwimmkräne, auf den Wasserstraßen in und um Hamburg befördert.

Das Einsatzgebiet wird elbaufwärts durch den Wasserstand der Elbe vorgegeben, beziehungsweise eingeschränkt. Auch ohne Ballast und mit nur halb gefüllten Treibstofftanks kommen die Schlepper meistens nur bis Boizenburg.

Weiter oben wird die Elbe einfach zu flach. In der Gegenrichtung sind die Fahrzeuge auch für die Seeschifffahrtsstraßen Unterelbe und den Nord-Ostsee-Kanal, einschließlich dem Kieler Hafen zugelassen und erledigen dort, sowie natürlich auch im Hamburger Hafengebiet, verschiedene Aufgaben.

KARIN, KRISTIN, KARL MORITZ und KARL HEINZ sind sowohl zum Schleppen als auch zum Schieben mit Schlepphaken, Schubsteven und Koppelwinden ausgerüstet. Die Schleppbarkassen CLAUS und KARSTEN können und dürfen auch die Alster befahren. Eistauglich sind sie alle. KRISTIN war ursprünglich sogar als Eisbrecher konstruiert und gebaut worden und befuhr früher den Mittellandkanal. Erst später wurde der Vorbau mit den Schubschultern angebracht.

Das breite Spektrum der Flotte wird auch gern von den anderen Reederein genutzt, um bei Engpässen oder Werftliegezeiten den einen oder anderen Schlepper zu chartern.

Jüngster Zulauf zur Flotte des Schleppkontors Meyrose war der Schubschlepper KARIN im Frühjahr 2012.
Hier assistiert das Schiff am Heck der Hubplattform und trägt noch die Farben des Vorbesitzers.

Ich hatte die Erlaubnis, die Schlepper näher zu besichtigen. Ein bestimmter Termin wurde jedoch nicht vereinbart. Schließlich befanden sich die Fahrzeuge in Einsätzen oder in Abrufbereitschaft. Daher konnte auf meine Anwesenheit zeitlich natürlich keine Rücksicht genommen werden.

Ich begab mich also auf Gutglück zum Liegeplatz im Niederhafen, zwischen den St. Pauli-Landungsbrücken und der Überseebrücke, in der Hoffnung dort möglichst viele Schlepper zu sehen. Die meisten Fahrzeuge waren jedoch unterwegs.

Nur der Schubschlepper KARIN, ein Neuzugang der noch die Farben des Vorbesitzers trug, lag verlassen am Anleger.

Ich wartete und brachte eine Menge Zeit ins Spiel. Meine Geduld zahlte sich aus. SCHLEPPKO 7 kam herein, drehte leicht nach Backbord, setzte zurück und kam mit dem Heck am Ponton zum stehen.

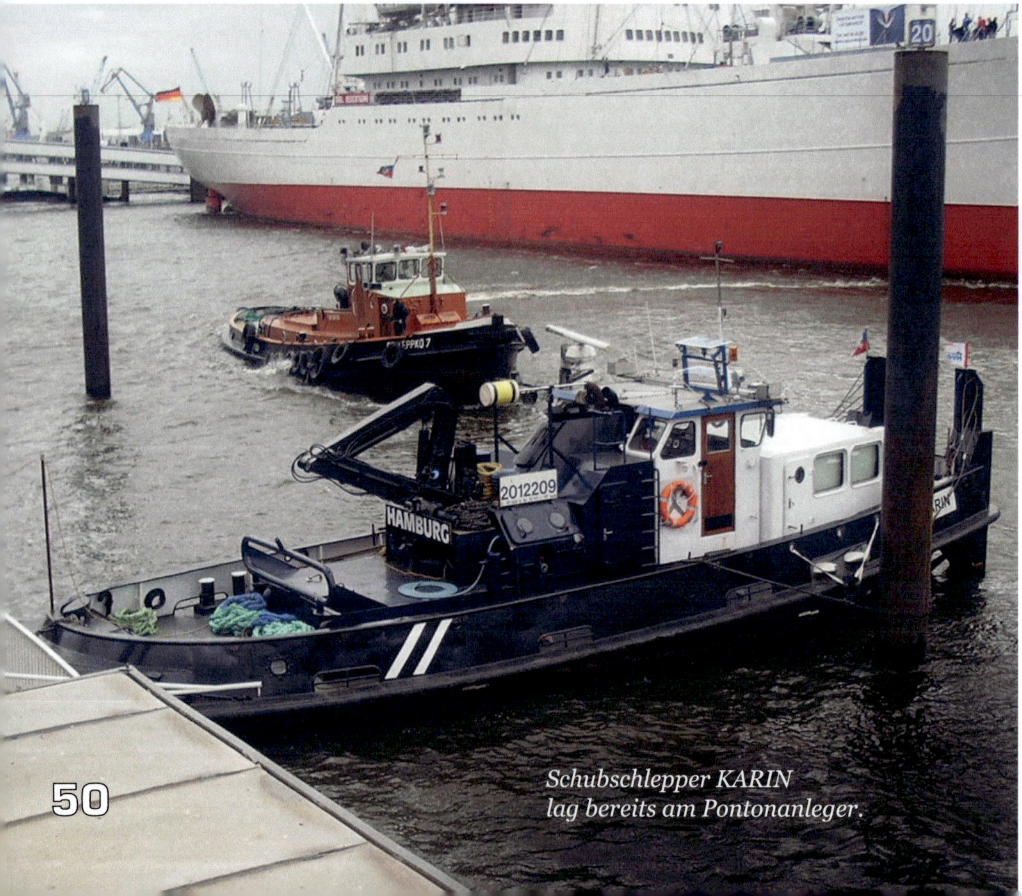

SCHLEPPKO 7 läuft in den Niederhafen ein.

Schubschlepper KARIN
lag bereits am Pontonanleger.

Leinen wurden festgemacht und der
Landanschluss hergestellt.
Ich stellte mich vor und Decksmann Kevin,
der auch Maschinist war, zeigte mir
sogleich das Schiff.
Er war seit vier Jahren dabei.
Auf Binnenschleppern ist eine Besatzungs-
stärke von drei Personen vorgeschrieben,
wenn Objekte von über 300 t geschleppt
werden.
SCHLEPPKO 7 trug noch die Schornstein-
marke vom Vereinigten Schleppkontor,
rote und blaue Winkel auf weißem Grund.
Das Schiff wurde 2005 vom Schleppkontor
Meyrose übernommen. Die Schornstein-
marke wurden jedoch nicht geändert.
Diese Äußerlichkeit sollte wohl einfach so
bleiben.
Das betrifft auch die Schlepper
SCHLEPPKO 3 und -16.
Alle drei sind reine Schlepper, also nicht
zum Schieben mit Schubsteven und
Koppelwinden ausgerüstet.

*SCHLEPPKO 7 am Liegeplatz im Niederhafen.
Hier werden die Schlepper mit dem Heck am
Pontonanleger festgemacht. Das Vorschiff,
zumindest eines Schleppers, wird von einem
Dalben (dickes, senkrechtes Standrohr/Pylon)
gehalten. Der Schlepper hat recht schmale
Aufbauten und breite Passiergänge.
In diesen Seitengängen waren zu Dampfschiff-
zeiten Bodendeckel zu öffnen.
Dort wurde die Kohle in die Bunker gefüllt.
Die Schornsteinmarke stammt noch vom Ver-
einigten Schleppkontor und wurde beibehalten.*

Im Maschinenraum

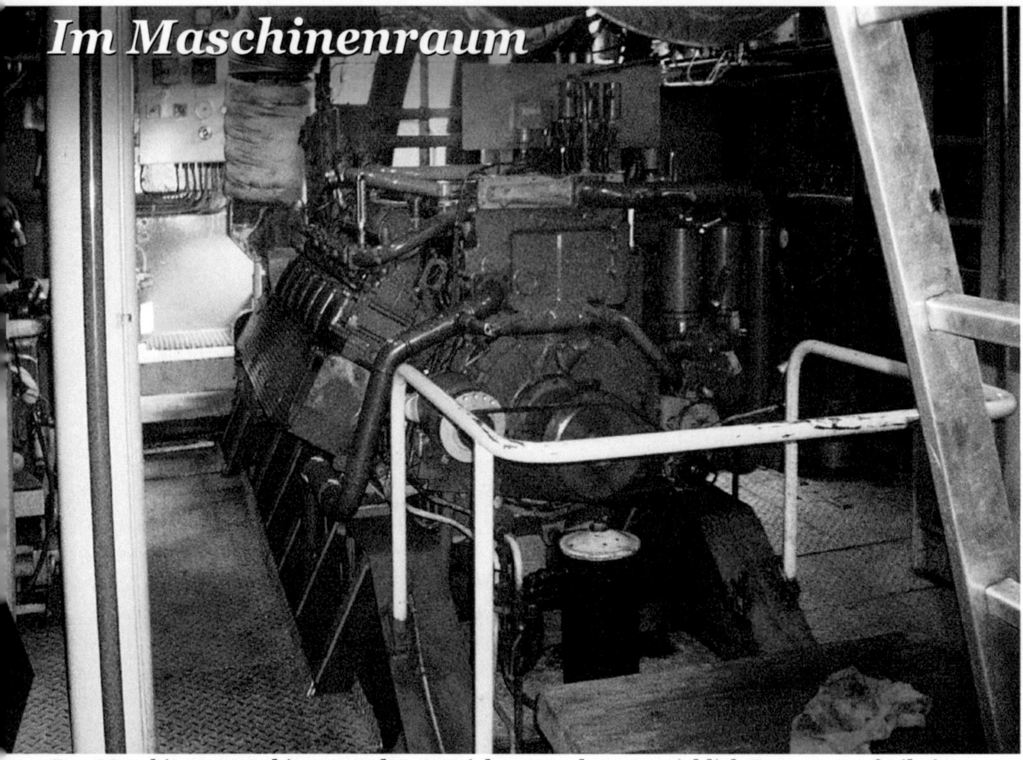

Der Maschinenraum bietet um den Antriebsmotor herum reichlich Bewegungsfreiheit.
Die Blickrichtung ist hier vom Bug zum Heck des Schleppers.
Auf dem unteren Bild sind im Hintergrund die Schalttafel, die Werkbank und der Generator
zu sehen.

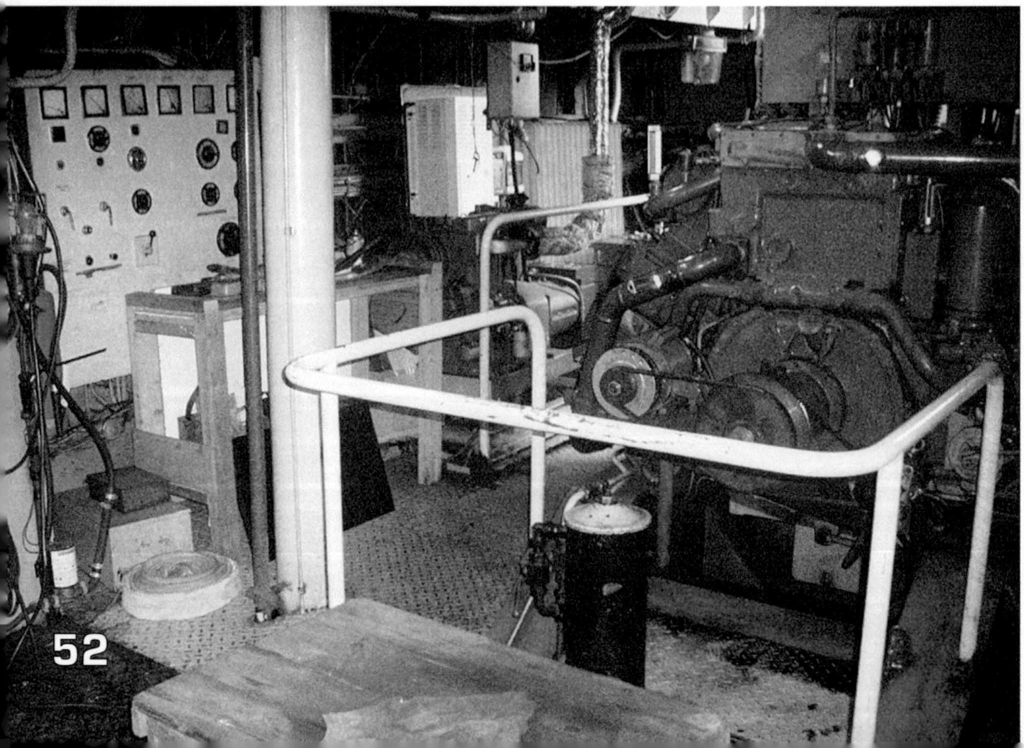

Auf SCHLEPPKO 7 führte unsere Besichtigung zunächst in den Maschinenraum. Der Antriebsmotor war neu, beziehungsweise ein neuer Gebrauchtmotor.
Zuvor diente er in einer Großbäckerei als Lüfterantrieb.
Der Dieselmotor der Marke Deutz hat 12 Zylinder, die in V-Form angeordnet sind und leistet 600 PS.
Damit erreicht der Schlepper eine Zugkraft von etwa 7,5 t.
Bis 1962 wurde SCHLEPPKO 7 mit einer Dampfmaschine angetrieben. Dampfkessel und Maschine, sowie die seitlichen Kohlebunker, benötigten damals viel Platz.
Seit dem Umbau zum Motorschlepper stand hier also mehr Raum zur Verfügung. Seitlich war ein Generator, eine Schalttafel sowie eine Werkbank untergebracht. Größere Instandsetzungsarbeiten wurden hier nicht durchgeführt. Für kleinere Wartungen und Reparaturen reicht ein Schraubstock und einiges an Werkzeug jedoch allemal.

Der Diesel-Generatorsatz für die Stromversorgung ist seitlich untergebracht.
Rechts im Bild ist die dunkele Wandung der Rumpf-Außenhaut zu erkennen.

Antriebsseitig sitzt das Getriebe am Motorblock. Daüber sind die beiden Turbulader zu sehen.

Der Motor wird elektrisch per Anlasser gestartet.
Der Anlasser hat etwa den gleichen Durchmesser wie die Motorwelle!
(im unteren, rechten Bild zu sehen)
Gegenüber dem Anlasser befindet sich noch eine kleine Lichtmaschine.

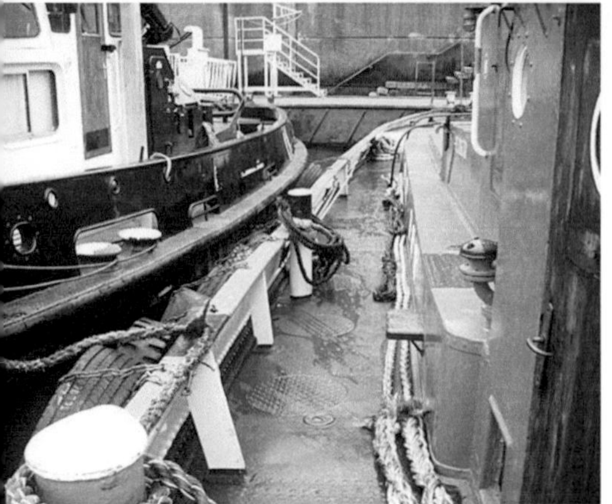

Die Schlepper liegen längsseits aneinander. Die Schleppleine wurde hier im Passiergang ausgelegt.

SCHLEPPKO 7 ist mit einem Anker ausgerüstet. Die Ankerwinde wird per Hand betrieben.

Wir stiegen wieder noch oben und sahen uns an Deck ein wenig um.

Die Schleppleinen lagen gestreckt auf dem Steuerbord-Passiergang, dicht an den Aufbauten, sodass niemand so leicht darüber stolpern konnte. Es waren dicke Kunstfaserleinen, sogenannte Square-leinen. Der Querschnitt mutet quadratisch an, daher der Name. Diese Leinen haben acht Einzelstränge, sogenannte Kardeelen. Daher ist das Spleißen eines Auges auch recht zeitaufwendig und mühsam.

Für gewöhnlich halten diese Leinen etwa drei Monate. Dann sind die Augen durch-gewetzt und verschlissen.

"Letztens ist uns eine nagelneue Leine durch einen Ruck beim Anfahren gerissen", erzählte mir Kevin.

"Das war sehr ärgerlich."

"Wie ist es bei starkem Eisgang", fragte ich. "Wird das Schleppgeschirr dann stärker beansprucht als sonst?" "Nein, eigentlich nicht", wurde mir erklärt. "Grundsätzlich treten nur die Kräfte auf, die der Schlepper selbst durch seine Zugkraft aufbringt. Allerdings sind wir im Februar fast im Eis steckengeblieben. Wir hatten einen Ponton im Schlepp und dieser ist uns dann hinten voll reingerauscht. Mit seiner scharfen Kante hatte er ein Stück der Wallschiene abrasiert und durch den Aufprall kam eine Menge Wasser über, sodass das Achterdeck kurzzeitig überflutet wurde und ich bis zu den Knien im Wasser stand. Insgesamt hatten wir aber noch Glück gehabt. Ohne die Wallschiene als Knautschzone wäre der Rumpf vielleicht leckgeschlagen und die Sache hätte böse enden können."
Die dunkele Winterzeit mit klirrendem Frost und Eisgang ist für die Schlepper-fahrer schwer zu nehmen und gefährlich. Das kleine Stück Wallschiene ist bei SCHLEPPKO 7 leicht zu reparieren. Ab dem Frühjahr kommen die Schlepper sowieso der Reihe nach zur Überholung in die Werft.

Bei sehr geringen Durchfahrtshöhen kann auch die Radarantenne heruntergeklappt werden.

Der drehbare Schlepphaken kann hydraulisch entriegelt (ausgelöst) werden.

Bei dichtem Eisgang war die Wallschiene durch einen Anhang beschädigt worden.

SCHLEPPKO 7 liegt mit SCHLEPPKO 16 (mitte) und SCHLEPPKO 3 in Bereitschaft.

SCHLEPPKO 7
im Einsatz auf der Norderelbe

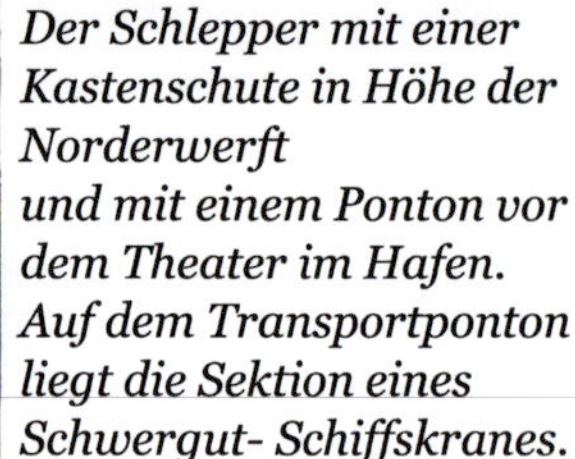

*Der Schlepper mit einer
Kastenschute in Höhe der
Norderwerft
und mit einem Ponton vor
dem Theater im Hafen.
Auf dem Transportponton
liegt die Sektion eines
Schwergut- Schiffskranes.*

SCHLEPPKO 7 einlaufend im Niederhafen

Zur Verringerung der Durchfahrtshöhe lassen sich Signalmast und Radarantenne umklappen

SCHLEPPKO 7 - Datenübersicht

Baujahr: 1944
Bauwerft: Berliner Lloyd AG
Urstetten bei Glogau/Schlesien
Auftraggeber:
Schlesische Dampfer Companie
1962:
Umbau vom Dampf- zum Motorschlepper
bei Pohl & Jozwiak in Hamburg

Länge: 22,10m **Breite:** 6,11m **Tiefg.:** 2,50m
Durchfahrtshöhe: 4,40 m
Antriebsmaschine: Deutz V-12 Dieselmotor
Leistung: 600 PS
Pfahlzug: 7,5 t

Ausrüstung: hydraulische Ruderanlage,
Buganker an Backbordseite mit Handwinde,
Schlepphaken mit hydraulischer Auslösung,
Hilfsdiesel, Lenzpumpen,
Radaranlage, UKW-Funkanlage

**Ansicht im Maßstab
1:150**

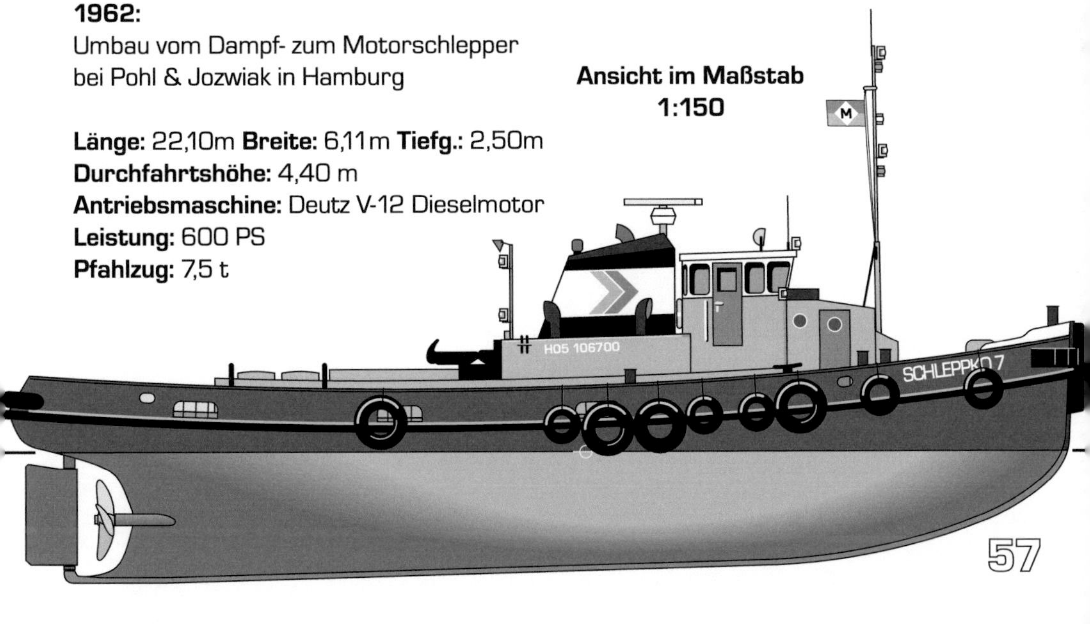

Im März 2012 sah ich einen Schubschlepper im Niederhafen liegen, den ich bereits aus den 80'er Jahren kannte.
Damals trug das Schiff den Namen WELS und wurde vom Schiffahrts- und Speditionskontor Elbe, kurz S & S Elbe bereedert. Zu diesem Unternehmen gehörten auch die Schlepper HAI, HECHT sowie die Barkasse STINT. Es waren also alles Fischnamen. Die Aufbauten waren blau gewesen.

WELS schob damals die Saatheber, das waren spezielle Getreideheber, an die Seeschiffe heran. Mit diesen hohen Saugvorrichtungen konnte die Ladung wasserseitig gelöscht werden. Die Ölsaaten wurden damals wie heute in der Ölmühle, der Speiseölfabrik in Hamburg-Neuhof weiterverarbeitet.

Der Schubschlepper wurde 1973 auf der Schiffswerft Johann Oelkers in Hamburg-Wilhelmsburg gebaut und ist immer noch ein absolut modernes Schiff.

Das Schiffahrts- und Speditionskontor Elbe wurde geschlossen. WELS wurde für eine kurze Zeit bei Carl Robert Eckelmann als PATRIK eingesetzt.

Die Schiffe des Schiffahrts- und Speditionskontors Elbe hatten ihren Liegeplatz ebenfalls im Niederhafen, zwischen der Überseebrücke und den St. Pauli-Landungsbrücken.

Der Schubschlepper WELS ist hier im ursprünglichen Bauzustand, ohne Arbeitskran und mit kurzem Deckshaus zu sehen.

Dann ging es für etwa 20 Jahre in die Niederlande.

Bei Hebo Maritimservice BV erhielt das Schiff den Namen CATHARINA 3 und befuhr die Wasserstraßen der Holländischen Tiefebene. Das vordere Deckshaus wurde vergrößert und mit einer modernen Kücheneinrichtung, inclusive Ceranfeld ausgestattet. Im Vorschiff unter Deck wurden 8 Kojen untergebracht. So konnte der Eigner in den Ferien mit seiner ganzen Familie unterwegs sein und an Bord wohnen, was in den Niederlanden ohnehin oft der Fall ist. Der Schubschlepper wurde auch mit einem hydraulischen Ladekran, zusätzlichen hydraulischen Koppelwinden, einer hydraulischen Ankerwinde, einem kräftigen Bugstrahlruder und einer Radaranlage ausgerüstet.

Nach Abschluss einer erfolgreichen Zeit stand das Schiff zum Verkauf an. Herr Meyrose nahm die Gelegenheit war und erhielt den Zuschlag. Nun war das Schiff also wieder in Hamburg, trug den Namen KARIN und war der jüngste Neuzugang beim Schleppkontor Meyrose.

Wieder in Hamburg, trägt der Schubschlepper ein größeres Deckshaus, einen Arbeitskran und noch die Farbgebung des Vorbesitzers.

März 2012

Anfang Mai erhielt ich einen weiteren Besichtigungstermin.

Inzwischen hatte KARIN bereits die Farbgebung der Meyrose-Schlepper erhalten.

Auf der Vorderseite des Ruderhauses war sogar schon das Firmenemblem per Hand sehr exakt aufgemalt worden. Dieses ist bei hydraulisch gelifteter Brücke weithin sichtbar.

Herr Stenke, einer der Schiffsführer, zeigte mir verschiedene Details. Er war sehr zufrieden mit den Umbauten und der zusätzlichen Ausrüstung, die in den Niederlanden installiert worden war. "Die Kollegen dort verstehen etwas von Seefahrt und Technik", lobte er unsere Landesnachbarn.

Der Arbeitskran kam auch schon zum Einsatz. Der ist sehr nützlich.

Damit können nun jederzeit auch größere Arbeitsgeräte auf den Transportpontons bewegt werden. Durch ihr Gewicht und ihren Tiefgang steht KARIN dabei wie eine "1" im Wasser.

Das Ruderhaus kann zur besseren Voraussicht per Hydraulikstempel hochgefahren werden. Als Zugang steht dann eine weitere Tür an der Rückseite zur Verfügung.

Als erfahrener Schiffsführer fand Herr Stenke viel Lob für die gute Ausrüstung und Verarbeitung.

Der Arbeitskran wurde auf einem Podest über dem Schlepphaken montiert und konnte bereits eingesetzt werden. Ein Bügel dient als Führung für die Schleppleine.

Im Bugbereich wurden zu den Handkoppelwinden auch Hydraulikwinden installiert. Die Ankerwinden sind mit einem Ankerdraht belegt und sitzen seitlich am Schanzkleid.

Eine Kombüse zum Wohlfühlen

Auf einem Schiff werden Küche und Esszimmer üblicherweise Kombüse und Messe genannt. Dieser Raum erinnert mich jedoch mehr an eine Ferienwohnung, freundlich und hell eingerichtet und perfekt ausgestattet. Das vordere Deckshaus wurde dafür nachträglich vergrößert.

Im Ruderhaus kam neue Technik hinzu

Das Ruderhaus ist immerhin 2,90 m breit und wirkt recht geräumig. Auch hier wurde etwas umgebaut. Ältere Armaturen und Geräte wurden entfernt und die betreffende Schalttafel mit einer Blechplatte abgedeckt.
Darüber und davor wurden Funk-, GPS- und Radaranlage angebracht. Die Hydraulik für das Kort-Düsenruder wird mit einem kleinen, waagerechten Hebel gesteuert.
Der Fahrthebel ist unten, rechts zu sehen.

Etwa in der Pultmitte wurde der große Drehzahlmesser platziert. Daneben sind Öldruck, Temperatur und Generatorkontrollen angebracht. Ruderlage und Kompassanzeige hängen an der Decke. Auch ein Klarsichtfenster (runde Scheibe) ist vorhanden.

Im Maschinenraum

Im Maschinenraum ist der Originalmotor, ein MWM-D 440-6, Baujahr 1972 in Betrieb. Kein Wunder, die Leistung ist bei 900 U/min auf 410 PS reduziert. Der schwere 6-Zylinder-Reihenmotor wird mit Druckluft gestartet. Links ist das Typenschild zu sehen. Allein das Getriebe wiegt über 1,5 t!

Ein kleinerer Bruder der Antriebsmaschine treibt den Generator an.

Im Fahrbetrieb steht außerdem auch ein Wellengenerator für die Stromerzeugung zur Verfügung.

Auf dem unteren Bild ist der dazugehörige Schaltschrank zu sehen.

Links daneben steht die Heizung für den Wohnraum im Vorschiff, das Decks- und das Ruderhaus.

Im Hinblick auf die kompakten Abmessungen des Schiffes, erscheint mir der Antrieb und die Ausrüstung reichlich und solide dimensioniert.

Das Hydrauliksystem des Schubschleppers wird durch einen 500 PS-Detroit-Dieselmotor unter Druck gesetzt. Auf dem unteren Bild ist ein Teil der Steuerung zu sehen.

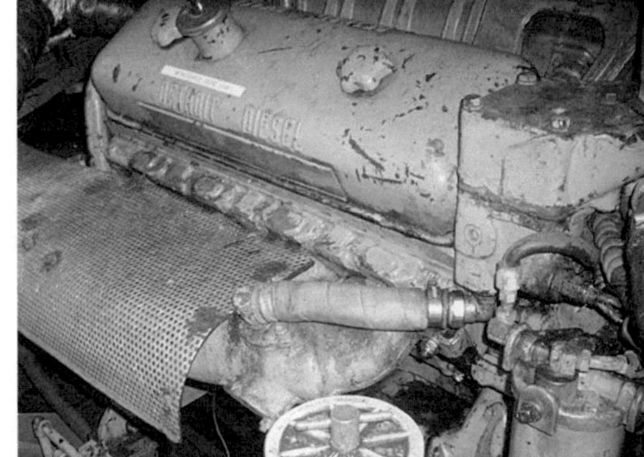

Baustelle Niederhafen

In Hamburg sollte die Hochwasserschutzanlage am Niederhafen, zwischen den St. Pauli-Landungsbrücken und den Niederbaumbrücken am Baumwall, erneuert und gleichzeitig erhöht werden.

Mit sanfter Kraft und Präzision bewegt Schubschlepper KARIN schweres Baugerät.

Diese Befestigungsanlage ist eine beliebte Promenade, an der die Überseebrücke angeschlossen ist. Auf den Zugang zum Hotel- und Museumsschiff CAP SAN DIEGO wollte man während der jahrelangen Bauarbeiten keinesfalls verzichten. Daher wurde der landseitige Anschluss der Brücke provisorisch verlegt. Der Bau der neuen Promenade vollzog sich ohnehin etappenweise und dauert derzeit noch an. Wir haben jetzt 2014. Für den provisorischen Brückenanschluss wurden zunächst dicke Standrohre in den Hafengrund getrieben. Baumaterial und schwerste Gerätschaften wurden herangeschafft und unter beengten Platzverhältnissen bewegt und verarbeitet. Besondere Vorsicht galt dabei den Anliegern im angrenzenden City-Sporthafen. Für die Positionierung der Arbeitsplattformen und Pontons wurde der Schubschlepper KARIN angefordert. Das Schiff ist mit einem Kort-Düsenruder und einem kräftigen Bugstrahlruder ausgerüstet. Es kann von einem erfahrenen Schiffsführer praktisch in jede Richtung präzise und kraftvoll gesteuert werden.

Unter beengten Platzverhältnissen werden die Baumaßnahmen eingeleitet und die Hochwasserschutzanlage am Niederhafen wird für Jahre zur Großbaustelle.

An einem kalten Morgen im Februar 2014 kam ein seltsam erscheinendes Gefährt die Elbe herauf, kreuzte den Strom und bog am Sandtorhöft in den Niederhafen ein. Kommandos schallten aus Lautsprechern über die Wasserfläche. Am Kranhaken der seegängigen Arbeitsplattform TK 10-WAL hing die Verbindungssektion der Überseebrücke. Diese war wegen der Bauarbeiten an der Hochwasserschutzanlage vorübergehend entfernt worden. Nun waren die Arbeiten für diesen Abschnitt der Anlage soweit abgeschlossen und das Brückenteil konnte wieder eingesetzt werden.

Der Hauptkran des imposanten Arbeitsgerätes der Taucher Knoth GmbH, verfügt bei einer Ausladung von 20 m, über eine Hebekraft von 100 t. Der Pontonrumpf ist 40 m lang und 20 m breit. Das Fahrzeug hat auch einen eigenen Antrieb, jedoch sollte für diesen Einsatz zusätzlich ein Schlepper assistieren.

Wie geschaffen für diesen Job, manövrierte der Schubschlepper KARIN die Plattform an die gewünschte Position.

KARIN - Datenübersicht

Gebaut: 1973 auf der Schiffswerft Johann Oelkers in Hamburg-Wilhelmsburg als Schubschlepper **WELS**

Auftraggeber: Schiffahrts- und Speditionskontor Elbe GmbH

Das Schiff fuhr für kurze Zeit als **PATRIK** für Carl Robert Eckelmann, bevor es ca 1988 an HEBO Maritiemservice BV nach Zwartsluis in die Niederlande verkauft wurde.

Der neue Name war **CATHARINA 3**.

Das vordere Deckshaus wurde vergrößert und erhielt eine moderne Küchenausstattung. Im Vorschiff wurden 8 Kojen untergebracht. Eine umfangreiche Hydraulikanlage wurde installiert. Mit dieser Anlage werden folgende, nachgerüstete Geräte angetrieben: Ladekran, zusätzl. Koppelwinden, Ankerwinde, Bugstrahlruder

Seit Anfang 2012 gehört das Schiff zum Schleppkontor Meyrose.

Der neue Name ist **KARIN**.

Länge über Alles: 17,00 m

Breite über Alles: 5,60 m

Konstruktionstiefgang mittschiffs: 2,00 m

Tiefgang hinten max.: 2,60 m

Verdrängung: 82 t

fester Ballast: 2,5 t, zusätzl. Ballast: 6,7 t

Brennstoffkapazität: 11,2 cbm

Antriebsmaschine: MWM D-440-6

Leistung: 410 PS bei 900 U/min

Getriebe: Reintjes WGV 330

Untersetzung 3,5 :1, Gew. 1,5 t, Ölm. 70 kg

Propellerdurchmesser: 1750 mm

Kort-Düsenruder   Pfahlzug: 7,5 t

Ausrüstung: hydr. Ruderanlage, Bugstrahlruder, Hubbrücke (Hubhöhe ca 1,5 m), Buganker, Schubschultern, 4 Koppelwinden, Ladekran, Schlepphaken mit hydraul. Auslösung, Wellengenerator,   Hilfsdiesel, Lenzpumpen, Radaranlage,   UKW-Funkanlage, GPS

Ansicht im Maßstab 1:150

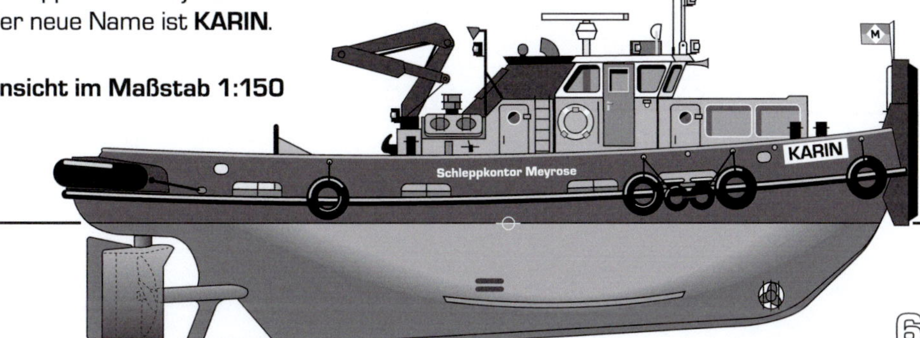

Schleppkontor Meyrose

KATRIN

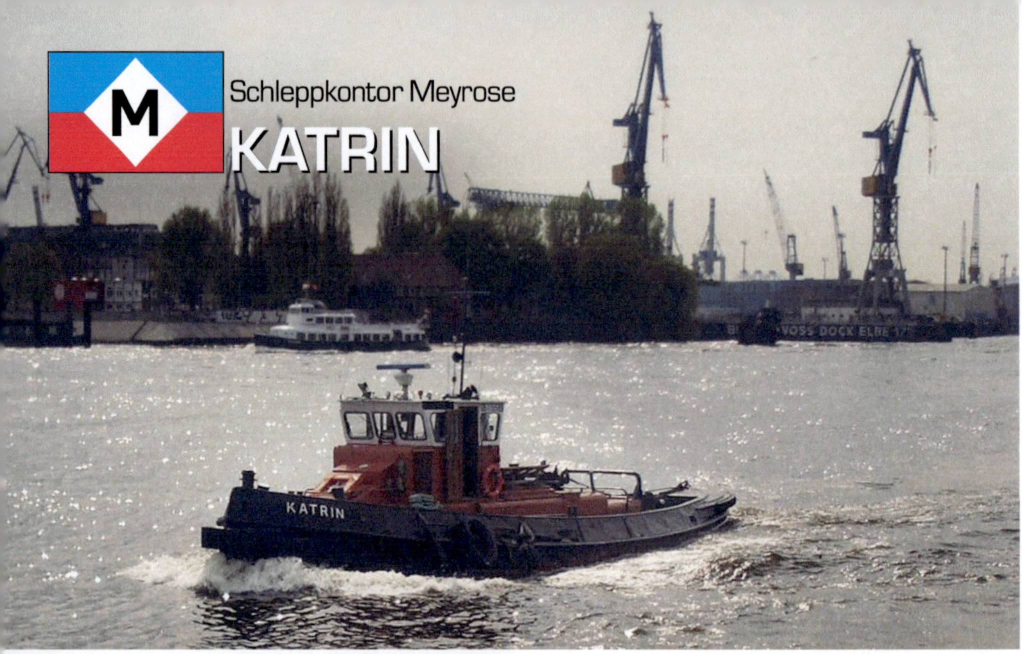

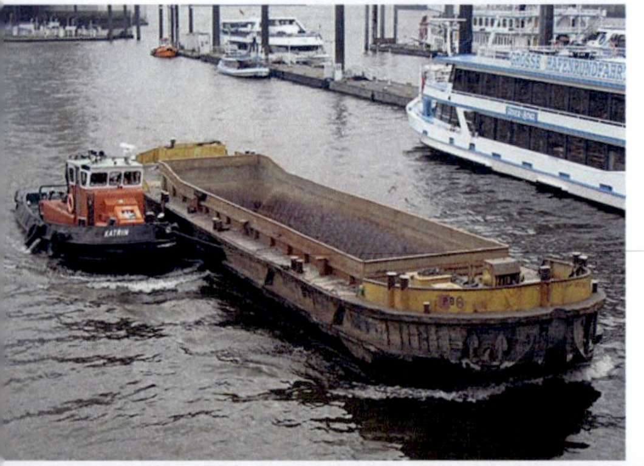

Am späten Nachmittag des Tages, an dem ich SCHLEPPKO 7 und KARIN besichtigt hatte, lief der Schlepper KATRIN in den Niederhafen ein und machte fest.
Ich konnte meine Besichtigung fortsetzen. Schiffsführer Jürgen Schladermund wohnte auch an Bord und nahm mich freundlich auf.
Er kannte auch noch die Deutsche Werft in Finkenwerder und die Schiffe, die dort gebaut wurden. Es ergab sich schnell eine gute Verständigung.

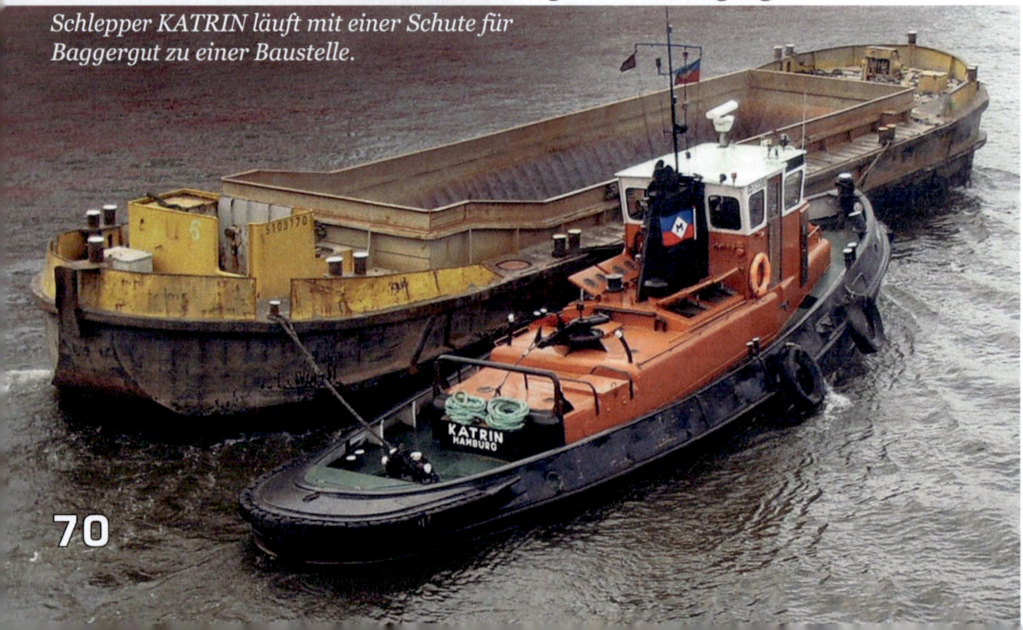

Schlepper KATRIN läuft mit einer Schute für Baggergut zu einer Baustelle.

KATRIN stammt allerdings nicht aus Hamburg. Ich bekam ein altes Foto zu sehen. Darauf war der Schlepper in seiner ursprünglichen Gestalt abgebildet.
Das Ruderhaus war ein anderes gewesen. Am Bug war der Name DART IV zu lesen. An den Aufbauten stand der Firmenname F. E. Walker.
DART IV wurde 1957 in Appledore, im Südosten Englands, auf der Werft P. K. Harris and Sons Ltd, direkt an der Straße von Dover gebaut. Auftraggeber war die Reederei F. E. Walker aus London.

Das Ruderhaus wurde später durch einen neuen Aufbau ersetzt, wodurch das Schiff einen völlig anderen, moderneren Charakter erhielt.

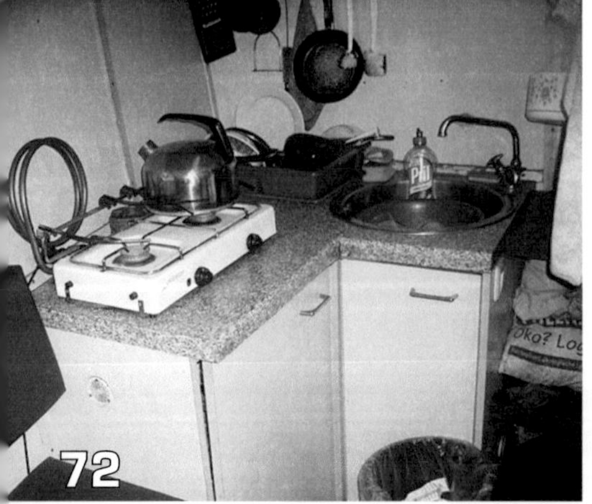

Das Ruderhaus wirkte sehr aufgeräumt und gepflegt. Der Radarschirm war zum Schutz vor Staub abgedeckt worden. Die Ruderlage stand mittschiffs. Ein großes, hölzernes Steuerrad war noch vorhanden. Jedoch wird heute auch auf dem Schlepper KATRIN die Ruderhydraulik mit einem kleinen Hebel (rechts der Bildmitte) gesteuert.

Im Vorschiff unter Deck, befindet sich die Kabine mit einer Einbauküche.
Darüber, vor dem Ruderhaus, sind WC und Waschraum untergebracht.

KATRIN, alias DART IV, wurde gleich als Dieselschlepper entworfen und gebaut, in einer Zeit, als bestehende Dampfschlepper zu Dieselschleppern umgebaut wurden. Damals wurde eine Maschine der Marke Lister Blackstone installiert.

Über solche Motoren wusste ich kaum etwas, aber diese Maschine hier schien allem Anschein nach der Originalmotor von 1957 zu sein, 55 Jahre jung und erstaunlich kompakt!

Damit hatte ich nicht gerechnet.

Ich hatte den Schlepper schon oft beim Manövrieren beobachtet und bemerkt, wie kraftvoll dieses Schiff durchzieht.

Na ja, dachte ich, da sitzt bestimmt ein neuer und kräftiger Motor drin.

Allerdings sah ich nun, dass es sich um eine 3-Zylinder-Maschine handelte.

3-Zylinder-Motoren haben ein besonders hohes Drehmoment, erzählte mir ein Freund, der sich gut mit Motoren auskennt.

Die Leistung ist mit immerhin 360 PS angegeben. Zudem wurde der Motor offensichtlich gut erhalten.

Ich denke, ein fabrikneues Gerät zu besitzen ist kein Kunststück. Qualität und guter Umgang machen sich jedoch nach vielen Jahren bezahlt.

Eine wirklich tolle Maschine!

Im Maschinenraum war der Originalmotor von 1957, ein 3-Zylinder Lister Blackstone Diesel aus britischer Fertigung in Betrieb. Der Motorblock ist größer als er auf dem Foto erscheint, da das Kurbelgehäuse von den Bodenplatten verdeckt wird.

Bemerkenswert ist die Form des Rumpfes. KATRIN hat Knickspanten.
Im Unterwasserbereich verlaufen also zwei Knicks der Länge nach zwischen Wallschienen und Kiel. Die Seitenflächen führen mittschiffs fast senkrecht in die Tiefe.
Der Schlepper verfügt über einen Schubsteven, mit dem auch mal ein Ponton oder eine Schute bugsiert werden kann, jedoch über keine Koppelwinden, sodass das Schiff die Anhänge auf klassische Art schleppt oder seitlich führt.
Oft werden auf diese Weise Schuten im Hafengebiet bewegt.

Der Schlepper ist mit einem drehbaren Schlepphaken ausgerüstet.
Dieser kann per Drahtzug entriegelt werden. (Drahtauslösung)
Der kurze Schleppdraht war durch einen Schäkel mit zwei Squareleinen verbunden.
Diese lagen sauber aufgeschossen auf dem Achterschiff bereit.

Es wurde Abend und die Besichtigung ging
zu Ende. Ich dankte meinem Gastgeber
Herrn Schladermund und ging von Bord.
Wir, sowie die meisten Menschen in der
Stadt, hatten nun Feierabend.

*Schlepper KATRIN am Liegeplatz
im Niederhafen am Johannisbollwerk*

*KATRIN hat keine Ankertaschen. Ein Anker
ist jedoch vorhanden. Dieser liegt auf dem
Vorschiff und ist am Schanzkleid verstaut.*

Mit voller Kraft im Einsatz

Schleppzug KATRIN mit drei beladenen Kastenschuten im Tandemschlepp
bei auflaufender Flut im Tidenstrom.

Eine Schute mit Baggergut (Hafenschlick) wird zum Finkenwerder Vorhafen gebracht.

KATRIN - Datenübersicht

Baujahr: 1957
Bauwerft: P. K. Harris and Sons Ltd
Appledore, Devon/England
Auftraggeber: F. E. Walker, London
Name: **DART IV**

1971: A. & H. Huntemann, Hamburg
Name: **TIGER**
1985: Hans Schramm, Brunsbüttel
Name: **MORITZ**
2003: Schleppkontor Meyrose, Hamburg
Name: **KATRIN**

Länge: 19,90 m **Breite:** 5,05 m
Tiefgang hinten: 2,75 m

Antriebsmaschine:
3-Zylinder Lister Blackstone Diesel
Leistung: 360 PS
Pfahlzug: 5,9 t
Geschwindigkeit: 10 kn
Ausrüstung: hydraulische Ruderanlage,
Schlepphaken mit Drahtauslösung
Hilfsdiesel, Lenzpumpen,
Radaranlage, UKW-Funkanlage

**Ansicht im Maßstab
1:150**

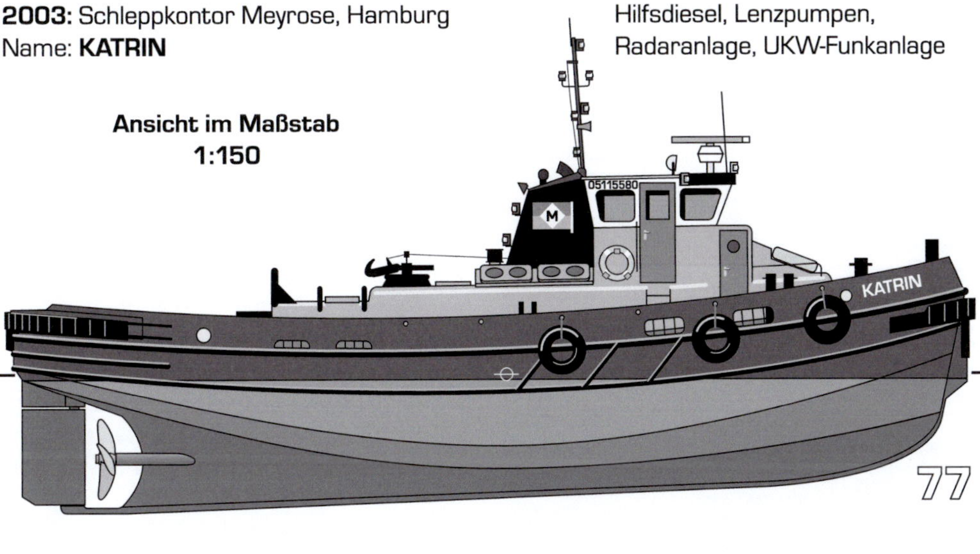

Schleppkontor Meyrose

SCHLEPPKO 16

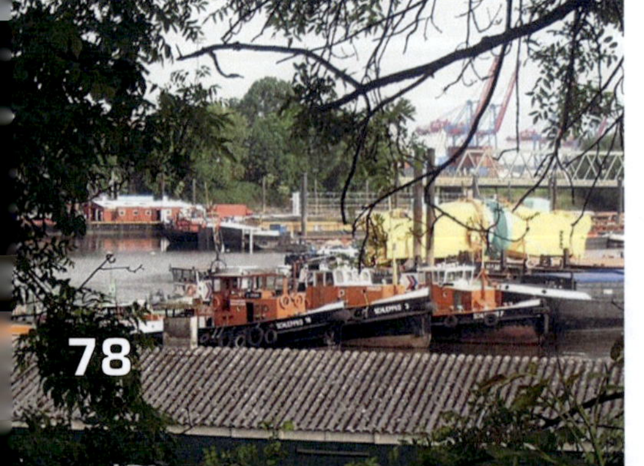

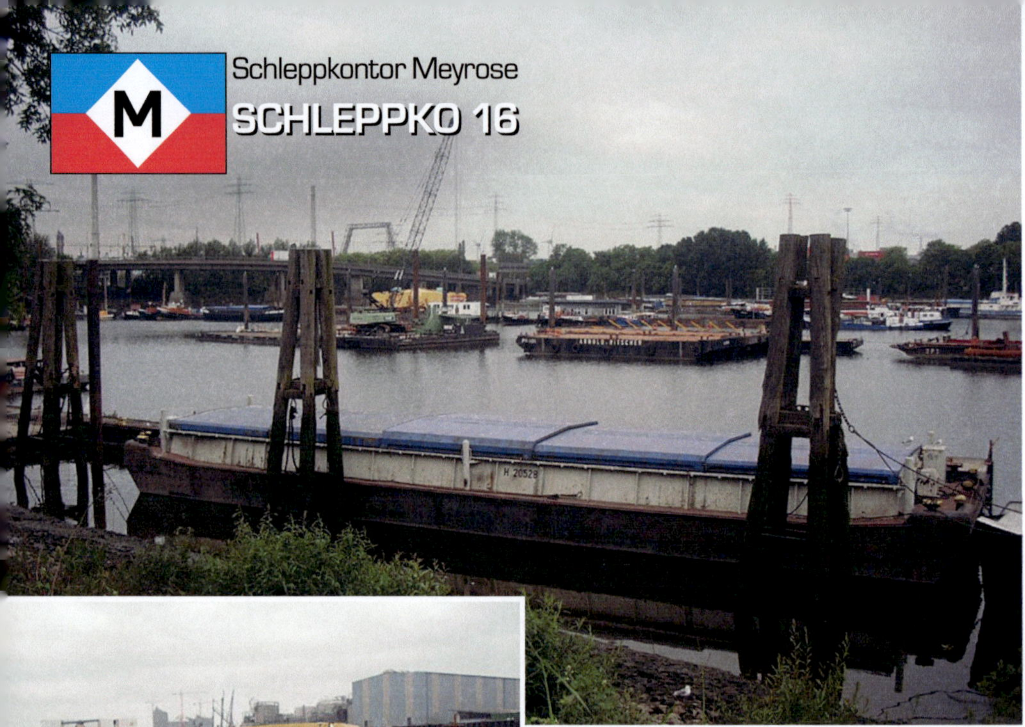

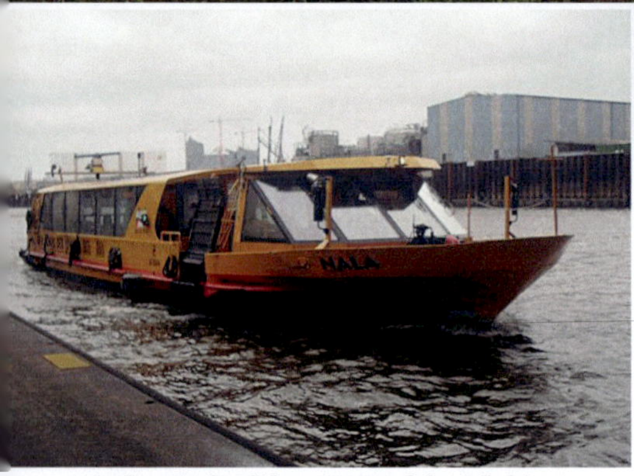

Mit der Hafenfähre NALA fuhr ich bis zur Argentinienbrücke.
Das Schiff dient auch als Werbeträger für das beliebte Musical "Der König der Löwen". NALA ist dort eine Löwin und die Gefährtin von SIMBA, somit also eine Königin.

Durch das Blätterwerk am Ufer erschien der Liegeplatz der Schlepper nahezu idyllisch.

Der Travehafen liegt mitten im Hamburger Hafengebiet. Einige Abschnitte am Ufer sind mit Bäumen und Buschwerk bewachsen, idyllisch anmutende Refugien, nahe der angrenzenden Industriebetriebe.
Ein schmaler Pfad führte mich am Wasser entlang.
Das Becken ist etwa einen Kilometer lang und am nördlichen Ende mit den Seehäfen verbunden. Zu den Binnenwasserwegen im Osten, gibt es einen Zugang durch die Ellerholzschleuse.
Für meine Recherchen bin ich zunächst mit der Fähre von den St. Pauli-Landungsbrücken in den Reiherstieg, bis zur Argentinienbrücke gefahren. Eine Fahrt mit dem Auto kam für mich nicht in Frage. So behielt ich immer den Kontakt zum Wasser. Der Fahrpreis für die Nutzung der Hafenfähre war in meinem Jahresabonnement des Hamburger Verkehrsverbundes (HVV) eingeschlossen.
Der Travehafen bietet Liegeplätze für Schuten, Pontons, diverse Arbeitsgeräte, Schwimmbagger, Öl- und Entsorgungsdienste und natürlich auch für Schlepper!

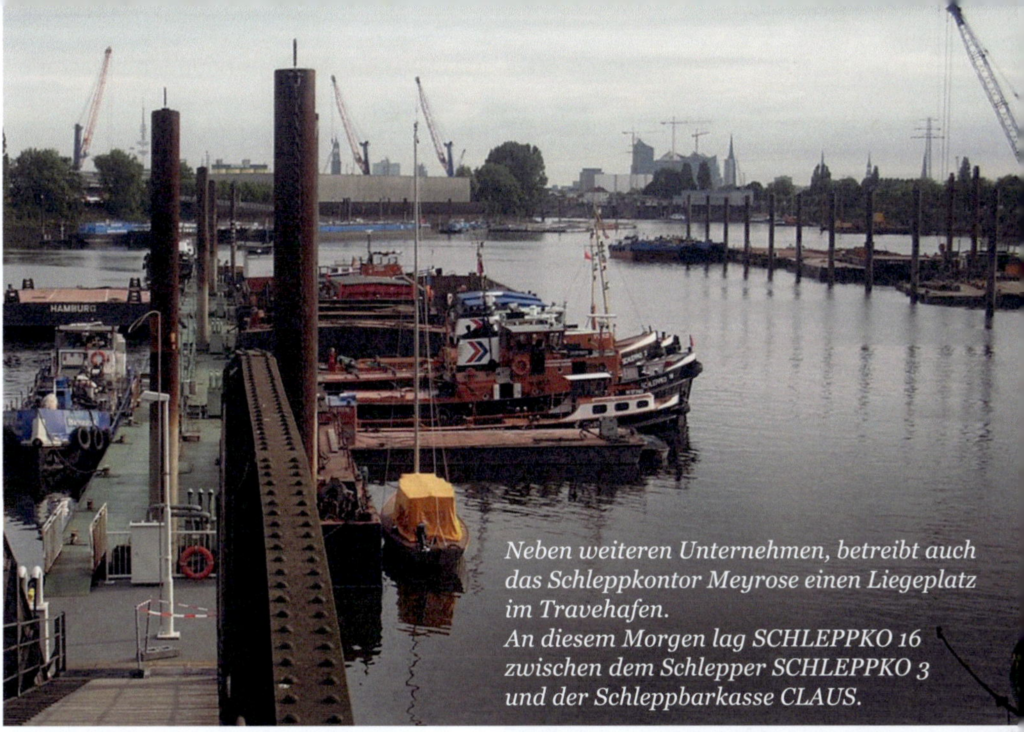

Neben weiteren Unternehmen, betreibt auch das Schleppkontor Meyrose einen Liegeplatz im Travehafen.
An diesem Morgen lag SCHLEPPKO 16 zwischen dem Schlepper SCHLEPPKO 3 und der Schleppbarkasse CLAUS.

Ich hatte die Absicht, den Schlepper SCHLEPPKO 16 zu besichtigen, hatte meinen Besuch bei Herrn Meyrose angemeldet und war aufgeregt wie am ersten Schultag.
Es war früh am Morgen, noch keine 6 Uhr. Wir hatten Frühsommer und es war schon lange hell. Das Wetter war gut.
Durch meine frühe Anreise schuf ich mir das Gefühl, mit der Frühschicht ein Teil der werktägigen Abläufen zu sein.
Bereits aus einiger Entfernung erkannte ich den Schlepper zwischen weiteren Fahrzeugen. Nur noch wenige hundert Meter und ich hatte den Liegeplatz erreicht. Es ging über eine Brücke zum Ponton hinunter, denn auch hier differierte der Stand zwischen Hoch- und Niedrigwasser um etwa 3,5 Meter.
Der Kapitän stieg gerade aus dem Ruderhaus und empfing mich auf dem Achterdeck.
SCHLEPPKO 16 lag hier in Bereitschaft.

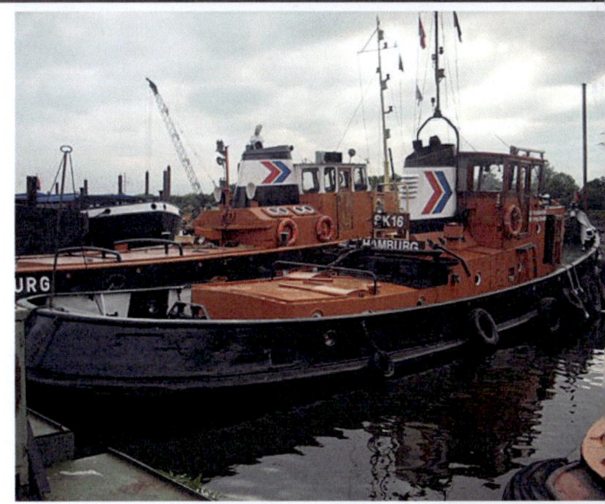

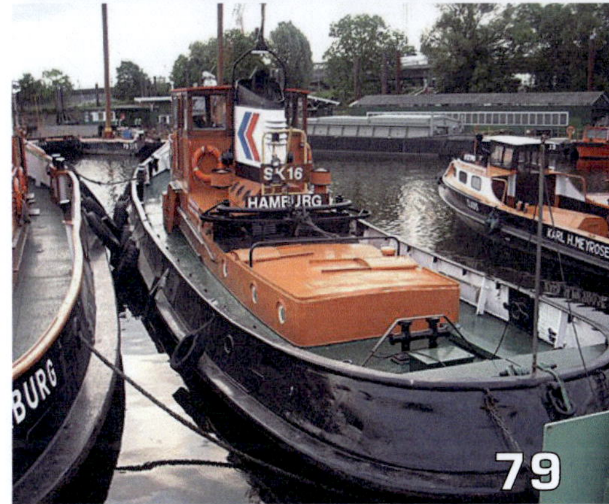

Das schöne Schiff mit den Holzfenstern wurde während des zweiten Weltkrieges in den Niederlanden als Dampfschlepper gebaut.

Der Rumpf hat einen Plattboden.

Es gibt ja Zonen innerhalb von Gewässern, deren Wasserstand durch Ebbe und Flut sehr starken Schwankungen unterliegt. Teile dieser Bereiche fallen bei Niedrigwasser trocken.

Ein bekanntes Beispiel ist das Wattenmeer der deutsch-niederländischen Nordseeküste. Käme SCHLEPPKO 16 dort auf Grund, würde sich das Schiff nicht zur Seite neigen, sondern gerade stehenbleiben und beim nächsten Hochwasser einfach weiterfahren, -überhaupt kein Problem.

SK 16 hat auch ein besonders gefälliges Aussehen, eine wohnliche Kajüte und drei Kojen im Vorschiff.

Außerdem ist dieser Schlepper besonders solide gebaut.

Ein Schlepper mit Charakter: Die Vorderfront der Aufbauten lässt sich leicht als Gesicht interpretieren.
Mittschiffs wurde auf klassische Weise der bewegliche Schlepphaken platziert.

Im Ruderhaus wurde nachträglich ein kleiner Hebel über dem großen Steuerrad installiert. Damit wird heute das Ruderblatt hydraulisch betätigt.

Eine gemütliche Kajüte mit Wasch- und Kochgelegenheit befindet sich direkt vor dem Ruderhaus.

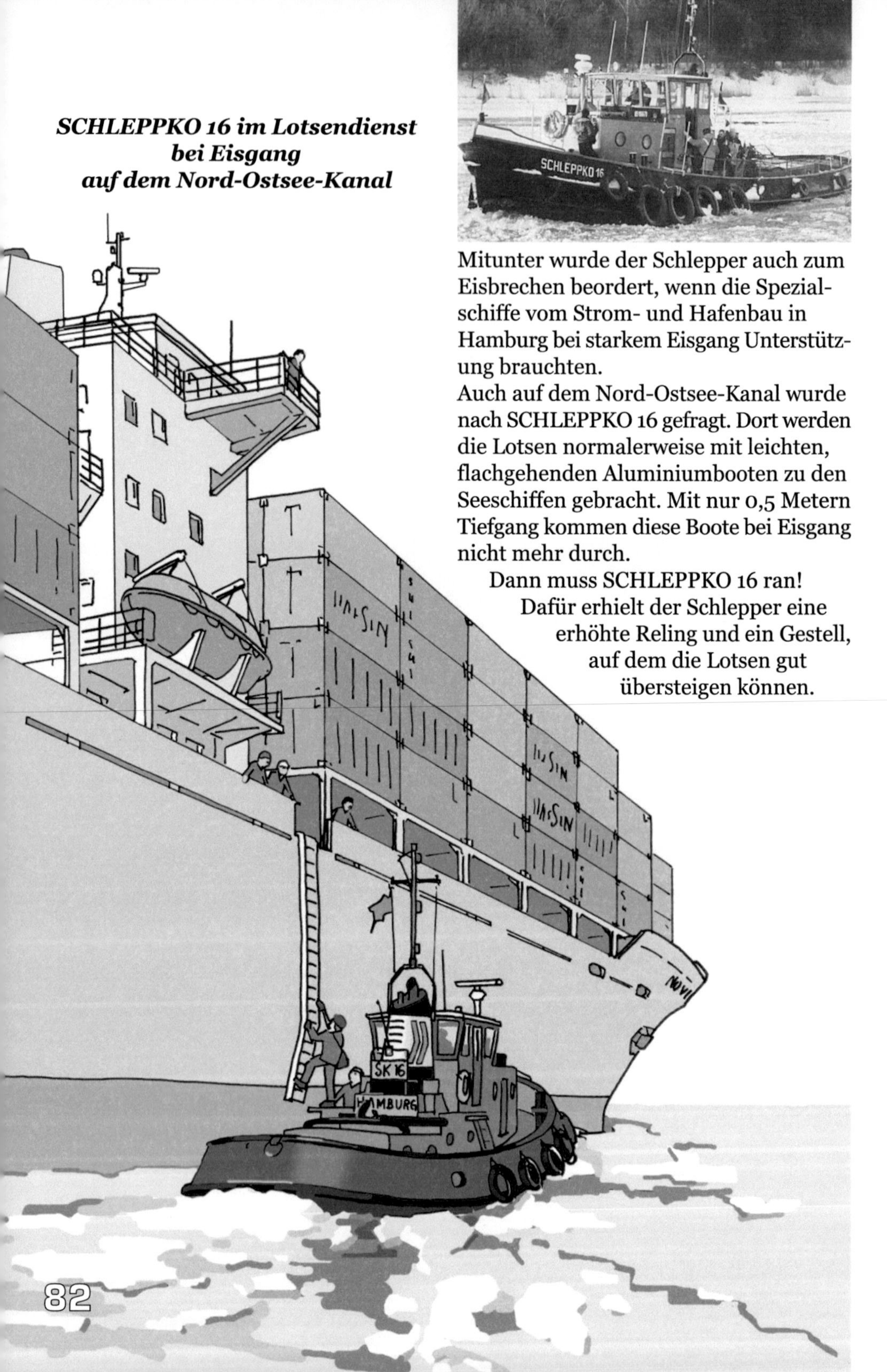

**SCHLEPPKO 16 im Lotsendienst
bei Eisgang
auf dem Nord-Ostsee-Kanal**

Mitunter wurde der Schlepper auch zum Eisbrechen beordert, wenn die Spezialschiffe vom Strom- und Hafenbau in Hamburg bei starkem Eisgang Unterstützung brauchten.

Auch auf dem Nord-Ostsee-Kanal wurde nach SCHLEPPKO 16 gefragt. Dort werden die Lotsen normalerweise mit leichten, flachgehenden Aluminiumbooten zu den Seeschiffen gebracht. Mit nur 0,5 Metern Tiefgang kommen diese Boote bei Eisgang nicht mehr durch.

Dann muss SCHLEPPKO 16 ran!
Dafür erhielt der Schlepper eine erhöhte Reling und ein Gestell, auf dem die Lotsen gut übersteigen können.

SCHLEPPKO 16 lässt sich besonders gut steuern, berichtete Hans Jürgen.
Beim Heranfahren an die Seeschiffe ist dies für die Fahrsicherheit von großer Bedeutung.
Früher fuhr der Kapitän auch einige Zeit für die Alstertouristik. Die Fahrten mit den vielen Gästen waren immer recht lebhaft. Schließlich wechselte Hans Jürgen wieder zum Schleppgeschäft.
Wir stiegen in den Maschinenraum hinunter.
Der Dieselmotor der Marke Deutz hat 12 Zylinder. Diese sind in V-Form angeordnet.
Die Ölwanne fasst 140 Liter Motoröl. Dieses wird alle 500 Betriebsstunden gewechselt.
Die Maschine leistet etwa 400 PS bei einer Drehzahl von 1500 U/min.
Dadurch erhält SCHLEPPKO 16 eine Zugkraft von 6 Tonnen und hat damit genügend Reserven, um auch große Schuten mit Baggergut gegen die Gezeitenströmung zu bewegen.

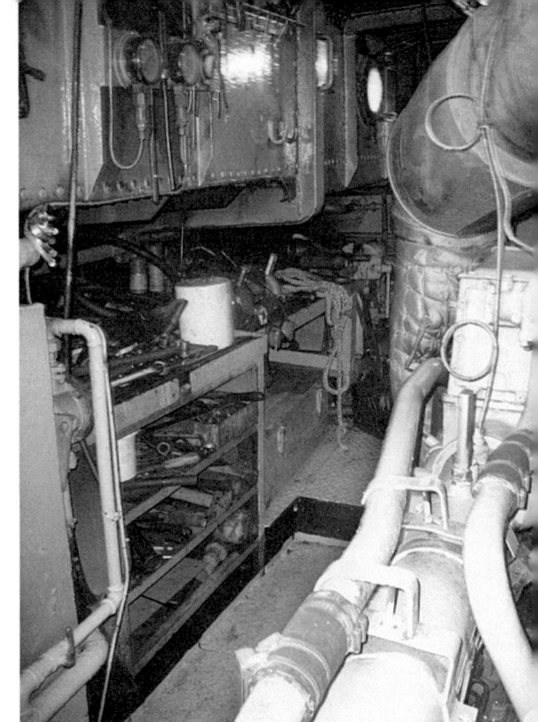

Im Maschinenraum sind an Backbordseite viele Werkzeuge und Hilfsmittel untergebracht.

Blick durch die Maschinenraumluke auf den Antriebsmotor

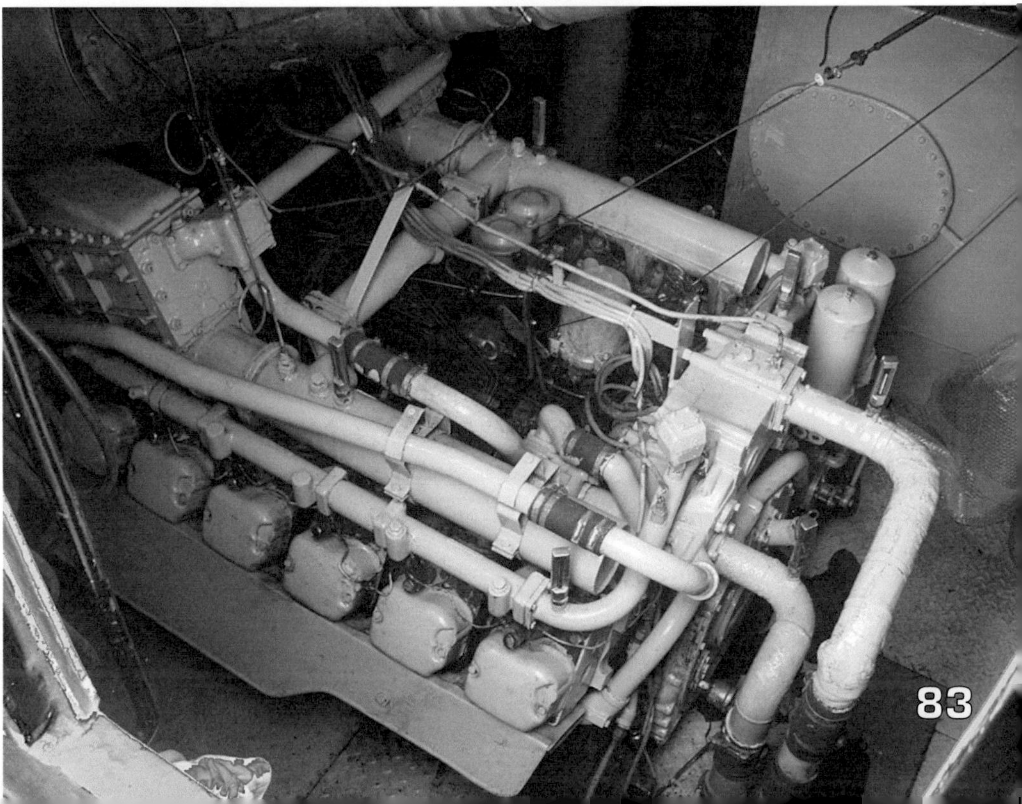

SCHLEPPKO 16 in freier Fahrt
und mit einer beladenen Schute auf der Norderelbe

SCHLEPPKO 16 - Datenübersicht

Baujahr: 1941
Bauwerft: J. H. Bodewes & A. J. Dutmer
in Groningen, Niederlande

Umbau vom Dampf- zum Motorschlepper

Länge: 19,54 m
Breite: 5,06 m
Tiefgang: 2,16 m

Antriebsmaschine: Deutz V-12 Dieselmotor
Leistung: 400 PS bei 1500 U/min
Pfahlzug: 6 t
Geschwindigkeit: 10 kn
Ausrüstung: hydraulische Ruderanlage,
Buganker an Steuerbordseite mit Handwinde,
Schlepphaken mit Drahtauslösung,
Hilfsdiesel, Lenzpumpen,
Radaranlage, UKW-Funkanlage

Am selben Tag meines Besuches im Travehafen, lag auch der Schlepper SCHLEPPKO 3 am Liegeplatz des Schleppkontors Meyrose.

Bei dieser Gelegenheit zeigte mir Kapitän Hans Jürgen auch dieses Schiff.

Der Schlepper wurde im Jahr 1908 gebaut, also noch vor dem ersten Weltkrieg, auf einer Werft in Dresden.

Er zählt somit zur Gruppe der über einhundertjährigen Hamburger Binnenschlepper, ein echter Veteran!

Auch dieses Schiff wurde ursprünglich von einer Dampfmaschine angetrieben.

Wie SCHLEPPKO 16, so hat auch SCHLEPPKO 3 einen platten Rumpfboden. Daher würde auch dieser Schlepper bei zu wenig Wasser aufrecht stehenbleiben.

Das Schanzkleid ist hier jedoch höher als bei SK 16. So hatte SCHLEPPKO 3 vor einiger Zeit auch eine Seezulassung und würde sie heute bei Bedarf auch wieder erhalten.

SCHLEPPKO 3 ist bereits über 100 Jahre alt, wurde 1965 jedoch komplett umgebaut.
Das "neue" Ruderhaus feiert inzwischen auch bald seinen 50' sten Geburtstag. Es ist jedoch geräumig und hat eine ansprechende Form.

Der Liegeplatz am Südufer des Travehafens wird von der Auffahrt zur Köhlbrandbrücke umschlossen. Auch hier wirken Ebbe und Flut auf den Wasserstand.

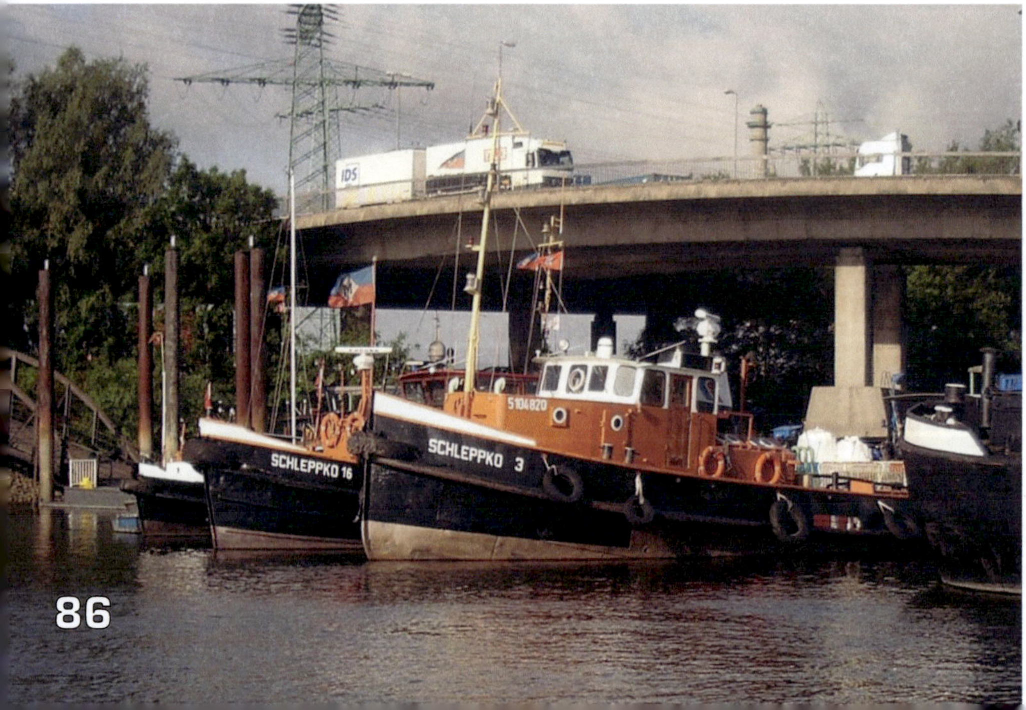

Leider war das Getriebe, beziehungsweise die Kupplung zur Zeit defekt.
Eines Tages wurde das Schiff plötzlich und unerwartet langsamer und schaffte es gerade noch zum Liegeplatz.
Vermutlich waren die Kupplungslamellen schadhaft geworden. Dafür heutzutage Ersatz zu finden, dürfte schwierig werden. Die betreffenden Teile hatte Hans Jürgen mit seinen Kollegen ausgebaut und zunächst in eine Fachwerkstatt gegeben. Der Maschinenraum war derzeit zur Baustelle geworden.

*Der Schlepphaken war zur Prüfung ausgebaut worden.
Auf dem unteren Bild einer früheren Aufnahme, ist er in montiertem Zustand zu sehen. Hier wurde der Haken seitlich angeschlagen, damit er bei Wellengang nicht umherschlägt und sich dadurch niemand verletzen kann.*

SCHLEPPKO 3 auf einer etwas früheren Aufnahme (Mai 2010) am Liegeplatz im Niederhafen neben SCHLEPPKO 16 liegend. Die Schiffe sind hier nur achtern und miteinander festgemacht.

Schiffsführer Hans Jürgen im Maschinenraum auf SCHLEPPKO 3.
Der Antriebsmotor ist ein schwerer, langsam laufender 6-Zylinder Diesel der Marke MaK.
Er wurde 1965 als Ersatz für den früheren Dampfantrieb eingebaut.
Der Motor wird mit Druckluft gestartet und leistet 550 PS bei 600 U/min.

Direkt am Zylinderblock über dem Starthebel,
sind die Anzeigen für die Drehzahl, den Kühl-
wasserdruck, den Schmieröldruck, sowie den
Lade- und den Anfahrluftdruck angebracht.

Der Motor ist ein schwerer, langsam
laufender 6-Zylinder Diesel. Er wurde 1965
bei MaK in Kiel hergestellt und an Stelle
der früheren Dampfmaschine in den
Schlepper eingebaut. Die Maschine wird
mit Pressluft gestartet und entwickelt bei
einer Drehzahl von 600 U/min eine
Leistung von 550 PS. Das ist kaum mehr
als die Leistung einer schweren Sattelzugmaschine auf der Straße. Jedoch hätte ein
LKW mit einem solchen Motor sein
zulässiges Gesamtgewicht bereits ohne
Ladung erreicht. Na ja, man kann eben
keine "Äpfel mit Birnen" vergleichen.
Hier handelt es sich um eine ganz andere
Sache. Hier kommt es nicht auf die
Beschleunigung an, sondern darauf, große
Massen zu bewegen. Der schwere Antriebspropeller läuft in einer Kort-Düse. Das
bringt zwar mehr Schubkraft, erfordert
aber auch einen hohen Kraftaufwand,
bezogen auf ein hohes Drehmoment.
Im Betriebszustand werden alle Räume
über die Abwärme des Motors zentral
beheizt. Die Abgasführung ist mit einem
Funkenfänger ausgerüstet. Dadurch darf
der Schlepper auch im Ölhafen, in explo-
sionsgefährdeter Umgebung eingesetzt
werden.
Soweit ich es erfahren habe, gilt dies
übrigens für fast alle Schlepper im
Hamburger Hafen.
Kupplung und Getriebe lagen derzeit
zerlegt und offen dar. Die schadhaften Teile
konnten vom Gewicht her noch über den
Niedergang hinausbefördert werden.
Größere Objekte könnten nur senkrecht
mit einem Kran entfernt oder eingebaut
werden. Dazu müsste zunächst das
Maschinenraumdach geöffnet werden.
Das wiederum könnte nur in einer Werft
geschehen.
Bleibt zu hoffen, dass die Reparaturen bald
abgeschlossen sind und SCHLEPPKO 3
wieder in Fahrt gehen kann.

*Kupplung und Getriebe waren geöffnet und
zerlegt worden. Die schadhaften Teile sollten
repariert werden.*

Mai 2011

*SCHLEPPKO 3 assistiert bei den Bauarbeiten
an der Hochwasserschutzanlage
im Sportboothafen am Baumwall.*

SCHLEPPKO 3
Datenübersicht

Gebaut: 1908 als Dampfschlepper JÜRGEN
auf der Schiffswerft Uebigau in Dresden
1965: Umbau zum Motorschlepper auf der
Schiffswerft Gustav Wolkau in Hamburg

Länge über Alles: 19,30 m
Breite über Alles: 6,05 m
Tiefgang hinten: 2,60 m

Antriebsmaschine: MaK 6M 351A (1965)
Leistung: 550 PS bei 600 U/min
4-Blatt-Propeller, Kort-Düsenruder
Pfahlzug: 7,5 t
Geschwindigkeit: 10,5 kn

Ausrüstung: hydraulische Ruderanlage,
Buganker an Steuerbordseite mit Handwinde,
Schlepphaken mit Drahtauslösung,
Hilfsdiesel, Lenzpumpen,
Radaranlage, UKW-Funkanlage

Der Schubschlepper KRISTIN verfügt über eine Scherenhub-brücke und kann universell eingesetzt werden.

KRISTIN wurde 1940 als Eisbrecher
entworfen und gebaut.
Das Schiff wurde über viele Jahre auf dem
Mittellandkanal eingesetzt.
Das Unternehmen A.u.H. Huntemann
erwarb den Eisbrecher und brachte ihn in
Hamburg als Schubschlepper zum Einsatz.
Dafür wurde ein Schubvorbau angebracht.
Damals trug das Schiff den Namen STIER.
Aus dem STIER wurde die KRISTIN.
Damit wechselte das Schiff schließlich zum
Schleppkontor Meyrose.
Die Maschinenleistung von 850 PS ist
beachtlich!
Der Pfahlzug beträgt 8 t.
KRISTIN ist ein vollwertiger Schlepper.
Sie wird jedoch meistens zum Schieben
genutzt. Der Bedarf ist vorhanden und das
Schiff ist auch dafür bestens ausgerüstet.
Eine gute Sicht über hohe Ladungsteile ist
stets gewährleistet, da das Ruderhaus mit
einer Scherenhubmechanik ausgefahren
werden kann.
Die Hauptabmessungen sind:

      Länge: 24,31 m
      Breite: 5,74 m
      Tiefgang: 2,40 m

*KRISTIN wird bei den Bauarbeiten an der
Hochwasserschutzanlage eingesetzt.
Dabei stößt der Schubschlepper auch bei
Touristen auf reges Interesse.*

Schubschlepper **KARL HEINZ**

KARL HEINZ gehört mit dem Schubschlepper KARIN zu den neueren Zugängen beim Schleppkontor Meyrose. Das Schiff wurde in der Stadt Urk, in den Niederlanden, an der östlichen Seite des Ijsselmeeres gebaut und auf den Namen EVODIA getauft.

KARL HEINZ
am Liegeplatz im Niederhafen

Erst später erfolgte der Umbau zum
Schubschlepper.
Im Jahr 2011 erwarb das Schleppkontor
Meyrose das Fahrzeug. Es war bereits bei
der Übernahme hervorragend ausgestattet,
nur der Name und die Farbgebung wurden
geändert.
Ein typisches Merkmal dieser hochwerti-
gen Schiffe aus den Niederlanden ist, dass
sowohl der Bug als auch das Heck leicht
hochgezogen auslaufen.
Eine Hubbrücke ist bei Schubschleppern
der allgemeine Standard. Bei KARL HEINZ
kann das Ruderhaus jedoch auf volle
10 m hydraulisch hochgefahren werden!

*Der Schubschlepper KARL HEINZ ist unter
anderem mit Koppelwinden im Bug- und im
Heckbereich, einem Heckanker, einem hydraulischen Arbeitskran, modernster Technik zur
Navigation und natürlich auch mit einem
Schlepphaken ausgerüstet. Dieser ist mittschiffs
hinter dem Kran zu sehen. Die Leiter ist beweg-
lich angebracht und gewährt auch bei ausgefahrenem Ruderhaus einen sicheren Zugang.*

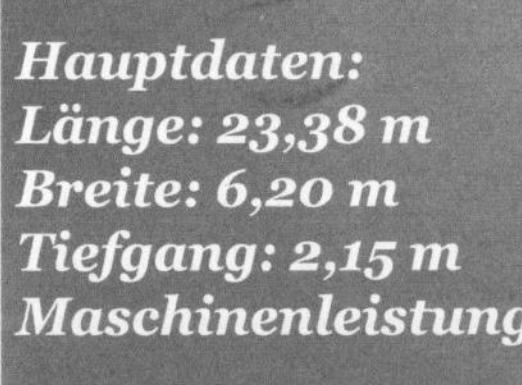

Hauptdaten:
Länge: 23,38 m
Breite: 6,20 m
Tiefgang: 2,15 m
Maschinenleistung: 800 PS

KARL MORITZ

Der Schlepper KARL MORITZ zählt inzwischen zum Hamburger Urgestein. Er wurde 1964 auf der Werft Theodor Buschmann als viertes Schiff innerhalb einer Serie von sechs Einheiten für die Fairplay Reederei gebaut.
Als FAIRPLAY I assistierte der Schlepper viele Jahre den großen Seeschiffen im Hamburger Hafen.

Große Containerschiffe kamen auf und dementsprechend mussten auch leistungsstärkere Schlepper entwickelt werden. Die Zugkraft von FAIRPLAY I reichte den Verantwortlichen in vielen Fällen nicht mehr aus, zumal die Drehmanöver innerhalb kurzer Zeitfenster während einer Hochwasserperiode ausgeführt werden mussten. So wurden alle Schlepper dieser Baureihe nach und nach zum Verkauf angeboten. FAIRPLAY VIII liegt heute als Museumsschiff in der neuen Hafencity. FAIRPLAY III ist bei Lührs-Schiffahrt als MONSUN in Fahrt. FAIRPLAY I fuhr zwischenzeitlich beim Unternehmen Taucher Knoth als TK 1, bevor der Schlepper von Karl Heinz Meyrose übernommen wurde und den Namen KARL MORITZ erhielt. Der obere Fahrstand war bereits zuvor mit Fenstern umbaut und mit einem Dach versehen worden. Optisch war dies nicht gerade ein Glücksgriff, aber so hat man es im Winter zumindest warm und trocken. Am Bug wurde ein Schubsteven angebracht. An Deck wurden in den seitlichen Passiergängen Koppelwinden installiert.

Als FAIRPLAY I assistierte der Schlepper über viele Jahre den Seeschiffen im Hamburger Hafen. (Foto: Fairplay)

Das original Werftschild befindet sich vorn, am Deckshaus des Schleppers.

Damit werden Pontons oder Leichter, die geschoben werden, mit Drähten verspannt. Somit ist dieser Schlepper auch zu einem Schubschiff geworden. Die weiteren Ausrüstungsteile, wie Beistopperwinde und Schlepphaken, befinden sich noch im Originalzustand. Natürlich ist dies kein Binnenschlepper. KARL MORITZ liegt für besondere Aufgaben in Bereitschaft. Dieser Schlepper gehört nun einmal dazu!

Auch die Einrichtung im Ruderhaus ist noch original. Es kamen nur einige elektronische Geräte nachträglich hinzu.

Schlepphaken und Beistopperwinde befinden sich im Originalzustand.

Durch eine Luke neben dem Schlepphaken, konnte ich in den Maschinenraum hineinfotografieren.

Der original
MAN-Dieselmotor
ist nach wie vor
in Betrieb

In den Maschinenraum konnte ich leider nicht hinunter, weil der Niedergang gerade frisch gestrichen worden war.

Es gelang mir jedoch, den Motor durch eine Luke hindurch zu fotografieren.

Es war noch der Originalmotor!

Ein MAN-Dieselmotor mit 7-Zylindern. Hierbei handelt es sich nicht um ein Museumsstück, sondern um ein Arbeitsgerät für den täglichen Betrieb.

Die Leistung ist mit 600 PSe (Effektivleistung) angegeben. Dieser Wert wird an der Welle gemessen. Daher wird auch die Abkürzung WPS (Wellen-PS) mitunter genannt. Die Innenleistung, die sogenannte indizierte Leistung, liegt bei 810 PSi. Üblicherweise wird jedoch die Effektivleistung angegeben.

In Verbindung mit einem Getriebe und einer Kort-Düse erreicht KARL MORITZ einen Pfahlzug von 12 t.

Im Vergleich zu anderen Schleppern ist dies ein besonders wirtschaftliches Verhältnis.

Ich denke, bis diese Maschine altersschwach und marode ist, wird noch sehr viel Wasser die Elbe hinunterfließen.

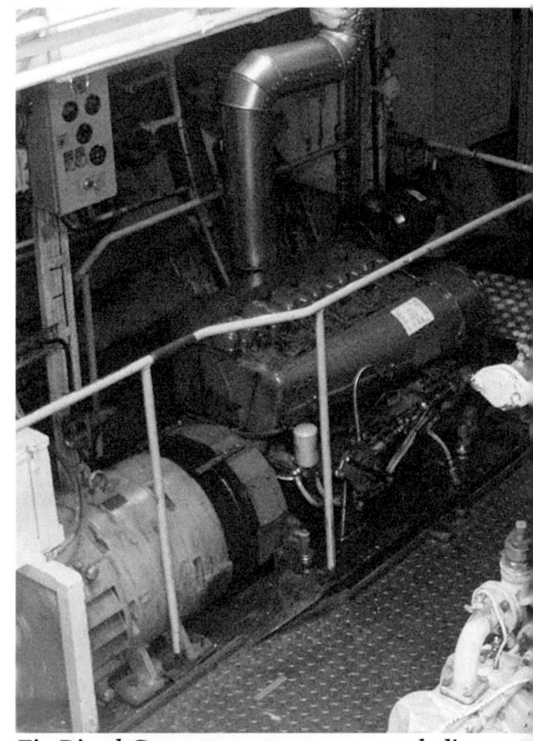

Ein Diesel-Generatorsatz versorgt auch die Beistopperwinde mir elektrischer Energie.

Der "Rückwärtsgang": Ein Wendegetriebe der Marke Lohmann & Stolterfoht

*Schlepper KARL MORITZ
läuft aus dem Niederhafen in die Norderelbe*

KARL MORITZ - Datenübersicht

Baujahr: 1964
Bauwerft: Theodor Buschmann
Hamburg-Wilhelmsburg
Auftraggeber: Fairplay Schleppdampfschiffs-
Reederei Richard Borchard
erster Name: FAIRPLAY I
Zwischenzeitlich fuhr der Schlepper für das
Unternehmen Taucher Knoth als TK 1.
Derzeit ist der Schlepper für das Schlepp-
kontor Meyrose in Fahrt und trägt den Namen
KARL MORITZ.

Vermessung: 98 BRT **Verdrängung:** 270 t
Länge über Alles: 24,50 m
Breite über Alles: 7,50 m
Tiefgang hinten: 3,69 m
Antriebsmaschine: MAN G7V 23,5/33
Leistung: 600 PS bei 600 U/min
Getriebeuntersetzung: 2,73 : 1
3-Blatt-Festpropeller, Kort-Düsenruder

Geschwindigkeit: 12 kn   **Pfahlzug:** 12 t
Bunkerkapazität: 18 cbm
Hilfsdiesel: MAN D 0026
Ausrüstung:
elektrische Beistopperwinde mit 5 t Zugkraft
Schlepphaken - 12 t mit Drahtauslösung,
2 Koppelwinden, Schubsteven,
hydraulische Ruderanlage,
Buganker an Steuerbordseite,
Radaranlage, UKW-Funkanlage

Anmerkung: Der Rumpf erhält
seine Form durch Knickspanten

Ansicht im Maßstab
1:170

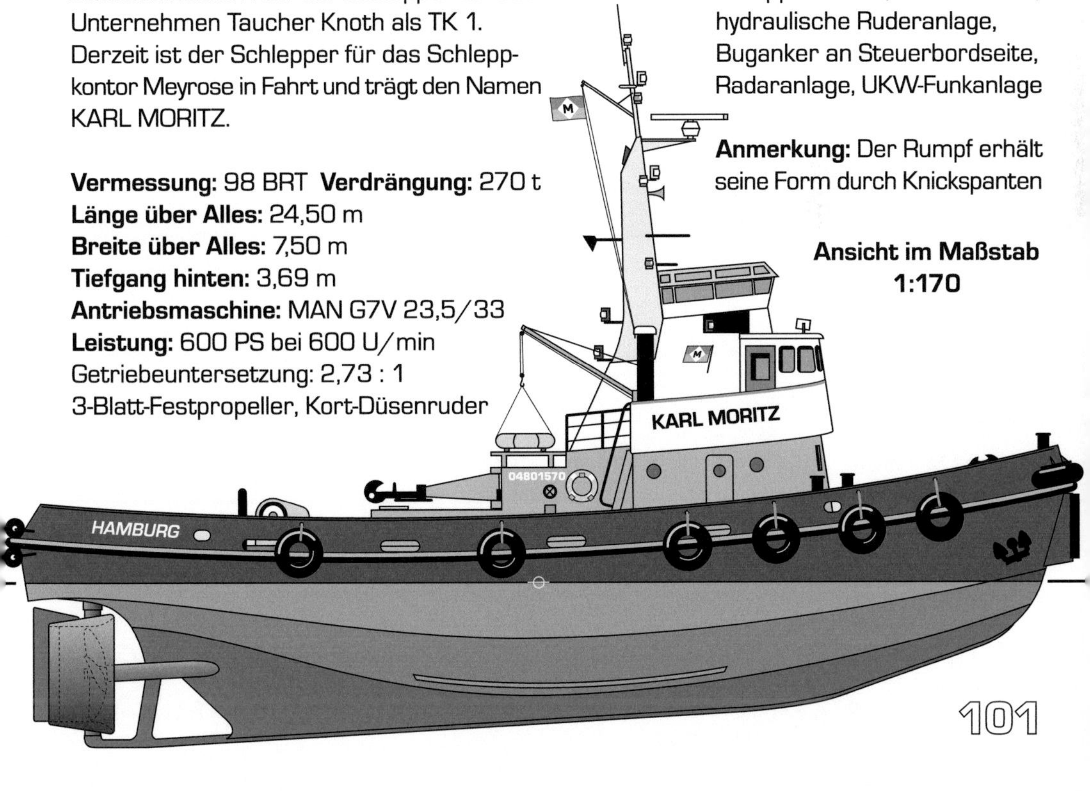

Schleppkontor Meyrose

Schleppbarkasse CLAUS

"Nichts hält ewig", so heißt es.
Es gibt aber eine Ausnahme.
CLAUS wurde im zweiten Weltkrieg aus U-Boot-Stahl gebaut und kann auf natürliche Weise garnicht kaputtgehen.
So wird es jedenfalls behauptet.
Die langgezogene Form der Barkasse ermöglichte eine schnelle Beförderung, zum Beispiel der Werftarbeiter im Hafengebiet.
Ursprünglich hieß das Schiff GRETEL 1. Seit 1964 trägt es den Namen CLAUS.
Dieser Name wurde auch beim Schleppkontor Meyrose nicht geändert, obwohl, abgesehen von SCHLEPPKO 3, -7 und -16, doch alle übrigen Namen mit "K" beginnen.
Somit gibt es bei CLAUS auch eine zweite Ausnahme!

Schleppbarkasse CLAUS in freier Fahrt auf dem Reiherstieg in Richtung Norderelbe.

Auf dem Alsterfleet, nahe der Schaartorschleuse, wird eine mit Baggergut beladene Schute abgeholt.

Das Dach und die Ruderhausfenster wurden hier weggenommen, beziehungsweise zur Seite geklappt. So können besonders geringe Durchfahrtshöhen, zum Beispiel unterhalb der Fleetbrücken passiert werden. Außerdem ist die freie Sicht und Verständigung bei den Arbeiten natürlich von Vorteil.
Unteres Bild: CLAUS verholt einen Ponton, der mit Spundwandprofilen und Röhren für die neue Hochwasserschutzanlage beladen ist.

Schleppkontor Meyrose

Schleppbarkasse KARSTEN

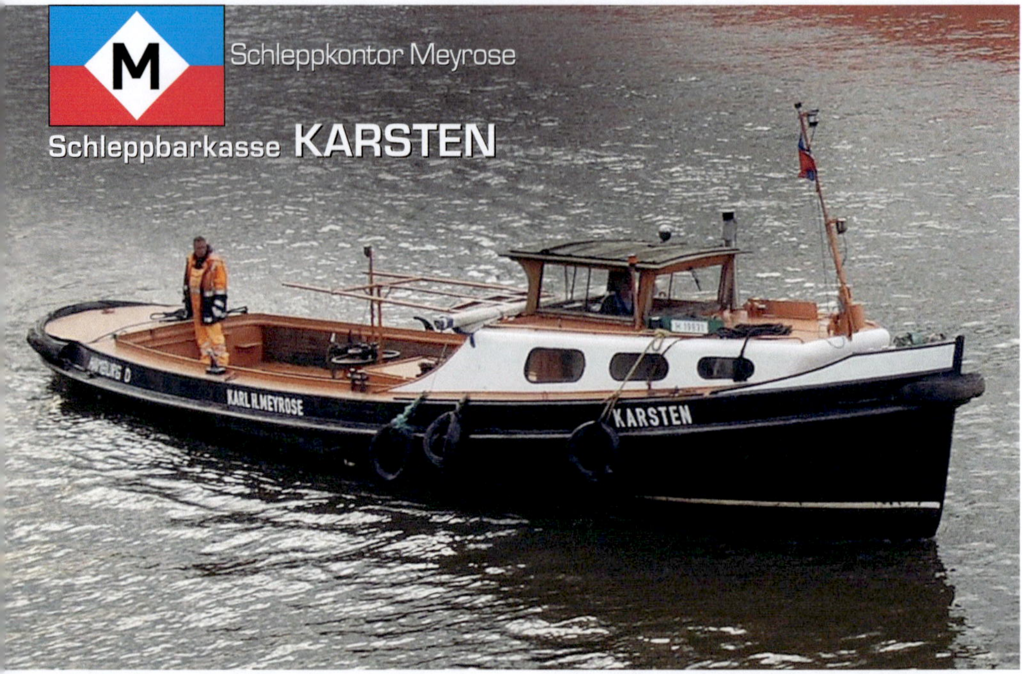

Ebenfalls zum Schleppkontor Meyrose gehört die Schleppbarkasse KARSTEN. Sie wurde 1961 auf der Gabers-Werft in Hamburg gebaut.
Dieser wendige Schiffstyp wurde im zweiten Weltkrieg für die Marine entwickelt und damals in größerer Stückzahl hergestellt.
KARSTEN eignet sich sowohl als Verbindungsboot zu den Arbeitsstellen, als auch zum Schleppen von Schuten, Kranpontons oder anderen Gerätschaften.
Beide Barkassen, KARSTEN und CLAUS, sind für den Betrieb auf der Alster zugelassen.

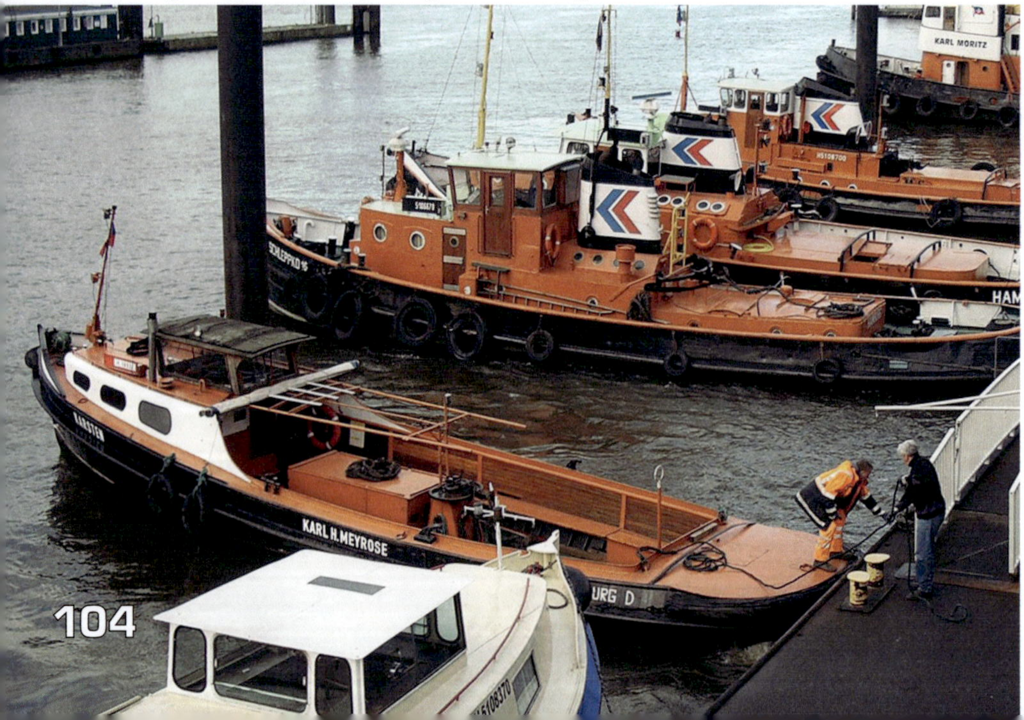

Barkasse KARSTEN bewegt und versorgt einen Arbeitsprahm (Ponton) auf dem Köhlbrand vor dem Ostufer. Hier werden Arbeiten an einem Pylon, der als feststehendes Fahrwasserzeichen dient, durchgeführt.

Ansicht im Maßstab
1:150

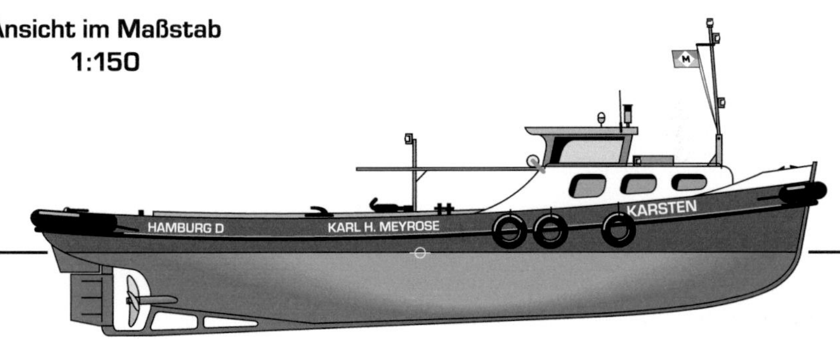

Hauptdaten

Länge: 15,17 m
Breite: 4,07 m
Tiefgang hinten: 1,56 m
Leistung: 232 PS
Pfahlzug: 4 t

Hinrich K. P. Vogler
Wasserbau

Schlepper **ERNST-AUGUST**

*Schlepper ERNST-AUGUST liegt in Bereit-
schaft am Anleger der Betriebsniederlassung
im Spreehafen.*
*Kürzlich wurde ein neuer Kran angeschafft
und auf einem Ponton eingerichtet.*
*Die Maschine ist bei entsprechender
Umrüstung auch zum Baggern geeignet.*

Die Hinrich Vogler Wasserbaugesellschaft
unterhält für ihre Unternehmungen einige
Schuten, Kräne, Bagger und Pontons,
sowie einige Schleppfahrzeuge. Im Bereich
des Hamburger Hafens und der Alster
werden damit Arbeiten durchgeführt.
Die Niederlassung des Betriebes befindet
sich mitten im Spreehafen, einem langge-
zogenen Becken, im östlichen Teil des
Hamburger Hafens. Zusammen mit den
angrenzenden Betrieben hat sich hier ein
Stück Industrielandschaft entwickelt,
umgeben von Kanälen und Wasserflächen,
durchschnitten von Schienen und Straßen
für den Gütertransport. In einigen Ecken
konnten Büsche und Bäume unbehelligt
ihr Wachstum entfalten.
Früher hatte das Unternehmen drüben am
Potsdamer Ufer seinen Sitz, erzählte mir
Eugen, ein Schiffsführer und Mitarbeiter
der Gesellschaft.
Das Ufer war gut zu erkennen.
Es war bewachsen. Einige flache Gebäude
und Anlegestellen waren zu sehen.
Die Umgebung wirkte ruhig und friedlich.

Eugen nahm sich meiner an und führte mich herum, nachdem ich zunächst bei Herrn Peters diesen Besuchstermin bekam und mich an diesem Morgen im Büro angemeldet hatte. Ich war zu Fuß vom Fähranleger Argentinienbrücke zum Spandauer Ufer gekommen. Natürlich konnte ich nicht erwarten, dass für mich nun ausgerechnet an diesem Morgen alle Schlepper zur Besichtigung bereit stehen würden.

GALANT lief gerade, mit einem Baggermaul beladen, zu einer Baustelle. ATLAS war unterwegs. Blieb zunächst ERNST-AUGUST für uns übrig.

Hier stiegen wir an Bord.

Dieser Schlepper wurde 1924 auf der Reiherstieg Schiffswerft, wie damals üblich, mit Dampfantrieb gebaut.

Inzwischen ist das Schiff natürlich längst umgebaut worden. Gegenwärtig sorgt ein 6-Zylinder Mercedes-Dieselmotor mit

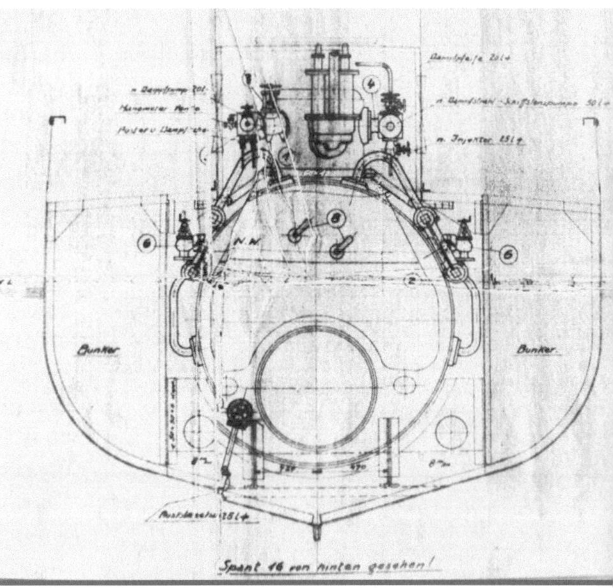

Bauzeichnung vom Rumpfquerschnitt mit der Kesselanlage um 1920 (unbekannter Verfasser)

340 PS für den Vortrieb.

Auch das komplette Ruderhaus wurde neu gebaut, in einer recht gefälligen Form, wie ich finde.

Im Zuge der Umbauten vom Dampf- zum Motorschlepper wurde auch das Ruderhaus ersetzt. Hier wurden nun auch die entsprechenden Schaltanlagen für die Maschine installiert.

ERNST-AUGUST erbringt gute Fahr- und Schleppleistungen durch sein relativ schlankes Vorschiff.

Früher wurde das Schiff auch als Feuerlöschboot eingesetzt.

Leider sind die Pumpen nicht mehr betriebsbereit. Diese sorgten auch für eine gute Trimmung innerhalb des Ballastsystems. Nun neigt der Schlepper mitunter etwas zum Krängen, also zur Kopflastigkeit. Zudem ist die Steuerung bei Rückwärstfahrt problematisch. Die Gründe hierfür liegen irgendwo im Bereich Heckform, Schraube und Ruderblatt. Die Schraube hat einen Durchmesser von immerhin 1,3 m.

Das Ruderblatt wird noch mit den original Steuerketten bewegt.

ERNST-AUGUST wurde mit einem Schubsteven ausgerüstet, verfügt jedoch über keine seitlichen Koppelwinden. Daher werden beim Schieben die seitlichen Poller mit Spanndrähten belegt. Diese Drähte werden dann vom Leichter aus gespannt. Bei Seitenmitnahme wird der hintere Draht über den achteren Beistopperblock geführt und mit der Handwinde, die ebenfalls auf dem Achterdeck steht, gespannt.

Statt hydraulisch, erfolgt die Kraftübertragung an das Ruderblatt weiterhin über einer Steuerkette. Im Passiergang wurde die Kette mit einem Blech verkleidet (unteres Bild, rechte Seite). Im Vordergrund zeichnet sich noch die Stelle einer der runden Bekohlungsluken ab.

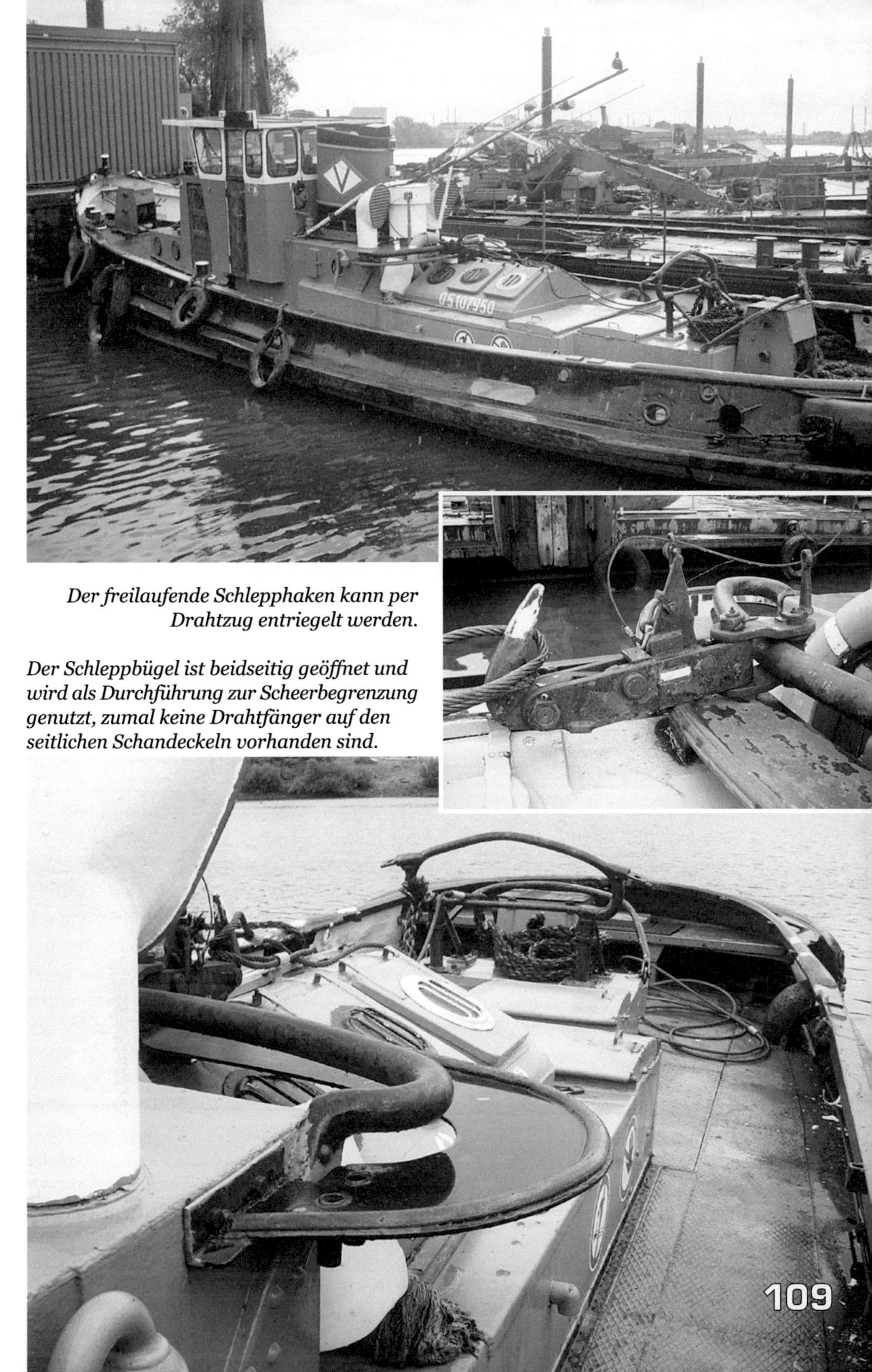

Der freilaufende Schlepphaken kann per
Drahtzug entriegelt werden.

Der Schleppbügel ist beidseitig geöffnet und
wird als Durchführung zur Scheerbegrenzung
genutzt, zumal keine Drahtfänger auf den
seitlichen Schandeckeln vorhanden sind.

Im Maschinenraum

Der Turbolader der Marke BROWN BOVERI führt dem Motor maximal 42 cbm Luft pro Minute zu.
Das Getriebe hat ein Gewicht von 919 kg.

Wir stiegen durch ein Luk in den Maschinenraum hinunter.

Die Umsteuerung von Voraus- auf Rückwärtsfahrt erfolgt hier, wie bei allen konventionellen Motorschleppern, über ein Wendegetriebe. Das Gegenstück dazu wäre der Betrieb mit einer sogenannten "offenen Maschine". Dann wäre der Motor ohne Getriebe, fest mit der Schraubenwelle verbunden und müsste bei einem Richtungswechsel zunächst gestoppt werden und dann in Gegenrichtung wieder anlaufen. Bei großen Seeschiffen ist dies auch der Fall. Der Wirkungsgrad ist einfach besser weil die Reibungsverluste, die im Getriebe stattfinden, wegfallen. Das spart Treibstoff, was auf langen Reisen natürlich positiv verbucht wird. Dagegen muss ein Schlepper schnell reagieren. Hier können in engen Gewässern selbst zehn Sekunden zur Ewigkeit werden. Dann ist es gut, wenn per Getriebe ein sofortiger Gegenschub verfügbar ist. Allerdings war das Getriebe auf diesem Schlepper einmal defekt gewesen. Ersatzteile gab es nicht mehr. Zum Glück konnten jedoch die schadhaften Teile von älteren Maschinenbau-Veteranen in Handarbeit repariert werden.

Schlepper ERNST-AUGUST in Fahrt mit einer Schute auf der Norderelbe

Desweiteren musste die Abgasführung geändert werden. Der Schlepper wurde mit einem Funkenfänger nachgerüstet. Dieser passte aber nicht durch den Schornsteinmantel. Daher wurde dieses dicke Rohr durch den Maschinenraum zum Heck geführt. Beim Anlassen oder plötzlichen Gasgeben entsteht jetzt nicht über dem Schornstein, sondern am Heck eine Rußwolke, worüber sich uneingeweihte Beobachter mitunter wundern.

Der Schornstein wird noch weiterhin für die Abgasführung der Heizung sowie für die Zuluft genutzt.

ERNST-AUGUST Datenübersicht

Baujahr: 1924
Bauwerft: Reiherstieg Schiffswerft
                        Hamburg-Wilhelmsburg
Umbau vom Dampf- zum Motorschlepper
Verdrängung: 57,4 t
Länge: 16,12m **Breite:** 4,24m **Tiefg.:** 1,95m
Antriebsmaschine: 6-Zyl. Mercedes-Diesel
Leistung: 340 PS bei 1600 U/min
Getriebe: Reintjes WUO 260 - Unters.: 4:1
Treibstoffkapazität: 4500 l
Buganker mit Handwinde,
Schlepphaken mit Drahtauslösung,
Handwinde auf dem Achterdeck,
UKW-Funkanlage

Schleppbarkasse PÖSEL mit einer Schute auf dem Alsterfleet vor dem Hamburger Rathausmarkt im August 1991

... und am Betriebsanleger im Spreehafen im Jahr 2012

Hinrich K. P. Vogler
Wasserbau

Schleppbarkasse PÖSEL

An diesem Morgen lag auch die Schleppbarkasse PÖSEL am Betriebsanleger der Hinrich Vogler Wasserbaugesellschaft. Das kleine Schiff wurde 1925 gebaut und 1953 zu 80% erneuert.

Es ist für die Beförderung von maximal 12 Personen zugelassen.

Vor einiger Zeit gehörte die Barkasse zur Reederei Lütgens & Reimers und trug den Namen L & R VII.

Wir stiegen an Bord und Eugen zeigte mir auch hier einige Einzelheiten.

Es gab keinen speziellen Einstiegsbereich. Das Boot schwankte leicht und es fing an zu regnen. Ich fühlte mich etwas unbeholfen, während ich mich umsah. Klar, wer hier täglich arbeitet, kennt natürlich jeden Handgriff.

Schlepphaken und Maschine wurden mittschiffs im Schwerpunkt eingebaut. Der Motor ist mit einem Blechgehäuse verkleidet.

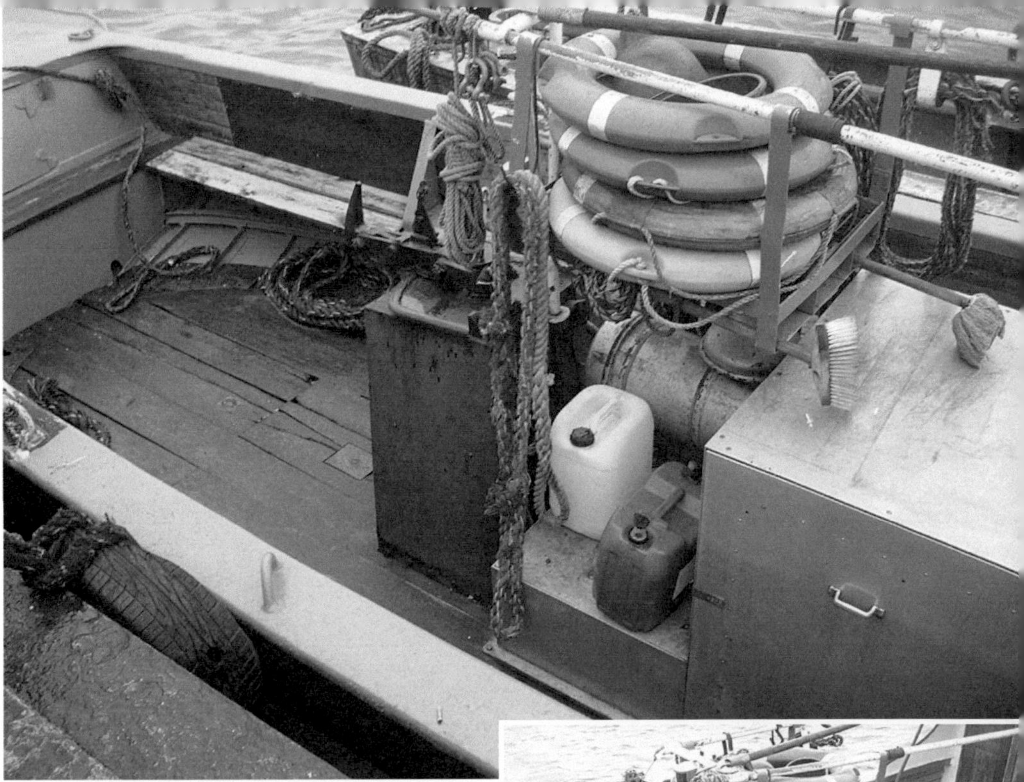

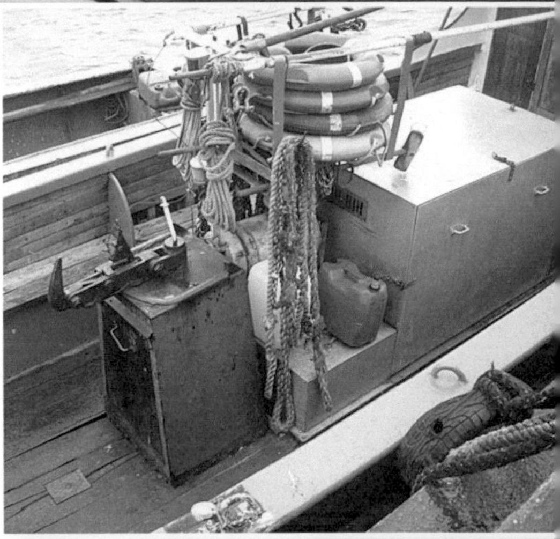

Verschiedene Leinen und Schekel hingen griffbereit neben Rettungsringen an einem Rohrgestell. Das Deck bestand aus dicken Bohlen. Diese konnte man hochnehmen, wenn man an die Bilge (unterster Rumpfbereich) wollte.
Dies war keine Plastikjacht, sondern ein solides Arbeitsboot.
Der Motor, ein 6-Zylinder Scania-Marinediesel, wird direkt mit Seewasser gekühlt. Die Leistung ist mit 120 PS angegeben. Die Maschine steht genau mittschiffs im Schwerpunkt und ist mit einem Blechgehäuse verkleidet. Der Tank fasst 800 Liter. Bei langsamer Fahrt liegt der Verbrauch bei nur 8 Litern pro Stunde.
Der Propeller war neu. Er hat drei Flügel und einen Durchmesser von 0,75 Metern. Damit ist er etwas größer und schwerer als der alte Propeller und das Schiff bekommt dadurch hinten auch mehr Tiefgang.

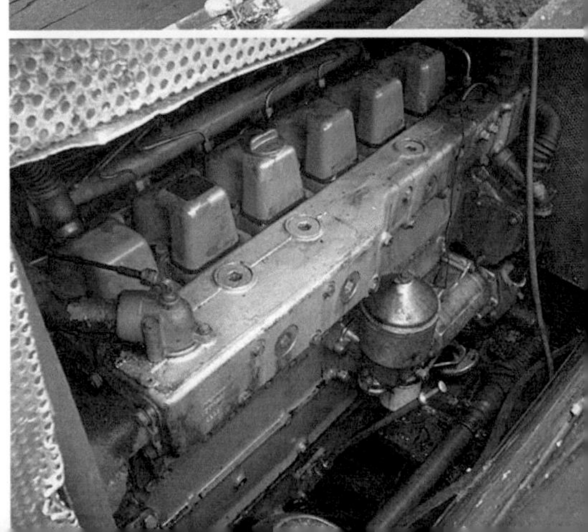

Der Schlepphaken vom Typ Hansahaken ist drehbar gelagert. Damit das Ruderhaus nicht unter gewissen Umständen von der Schleppleine "umwickelt" wird, sind seitlich auf dem Schanzkleid sogenannte Drahtfänger angebracht. Der Schlepphaken wird regelmäßig behördlich geprüft und kann per Drahtzug entriegelt werden. (mittleres Foto)

Der Schlepphaken vom Typ Hansahaken kann per Drahtzug ausgelöst werden. Mit einem routinierten Griff entriegelte Eugen das schwere Ding.

"Hier hat der Auszubildende wieder zu viel Fett aufgetragen", bemängelte er den Zustand der Mechanik.

PÖSEL hat einen Pfahlzug von 3 t. Soviel halten die verwendeten Schleppleinen natürlich aus. Wenn es aber mal einen Ruck gibt, zum Beispiel durch zu schnelles Anfahren, dann reißen auch dicke Leinen. "Ich hatte schon mal ein Ende an den Kopf bekommen", erzählte Eugen. "Das geht so schnell, da weißt du garnicht was los ist ... Man kann einfach nicht vorsichtig genug sein." Der Schiffsführer erklärte mir auch die Art und die Handhabung des Schleppgeschirrs. Das vermag ich hier jedoch nicht wiederzugeben. Zu diesem Thema müsste ich ersteinmal grundlegend mehr wissen.

Das Ruderhausdach und die Fenster können bei geringen Durchfahrtshöhen zu den Seiten weggeklappt werden.

Neben dem Steuerrad sind das Funkgerät und einige Schalter untergebracht.

Wir gingen nach vorn zum Ruderhaus. Ich durfte mich ans Steuerrad stellen. Rechts war der Fahrthebel, links das Funkgerät. Dann gab es noch einpaar Schalter, unter anderem für die Beleuchtung. Mehr brauchte man auch nicht. Die Scheiben waren durch den Regen etwas beschlagen, ließen sich aber leicht abwischen. Das Dach und die Seiten konnte man bei Bedarf wegklappen. Das war aber meistens nicht nötig. PÖSEL passte auch so unter jeder Brücke hindurch.

Die Kajüte im Vorschiff war geräumig, mit Bänken und einem Tisch ausgestattet. Ein Ölofen sorgte an kalten Tagen für ausreichende Wärme.

Nun wollte ich den Betrieb aber nicht weiter aufhalten, dankte Eugen für die Informationen und machte mich auf den Heimweg.

Auf einer Brücke geriet ich dann unter freiem Himmel in einen Wolkenbruch. Durchnässt und mit schmatzenden Füßen erreichte ich den Fähranleger. Es regnete zwar immer noch, aber ich befand mich jetzt unterhalb der Argentinienbrücke. Bis die nächste Fähre kam, konnte ich hier meine nassen Socken abstreifen und die Schuhe mit Taschentüchern ausstopfen. Zum Glück war meine Kamera trocken geblieben. Die hatte ich gut eingewickelt.

Die Kajüte ist komplett mit Holz ausgekleidet.

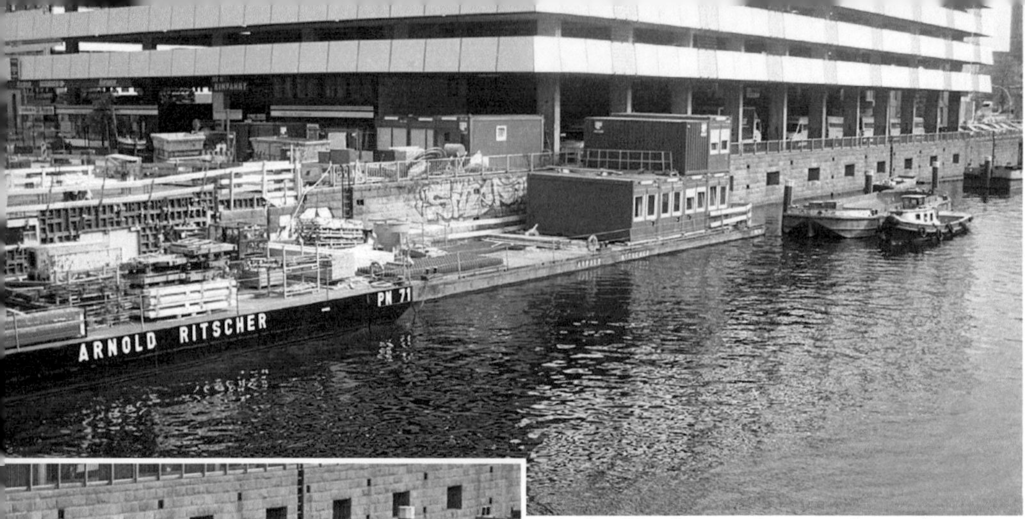

In der Hamburger Innenstadt werden an vielen Stellen ständig Häuser abgerissen, gebaut oder renoviert.
Diese Baustelle konnte vom Wasser aus bequem mit Material beliefert werden. Vorübergehend wurde die Arbeitsfläche sogar durch Pontons erweitert. Hier führt die Barkasse PÖSEL eine Schute heran, die mit Schüttgut (Abraum) beladen werden soll. Landseitig wären für diese Ladungsmenge einige LKW's benötigt worden.

Unterwegs zum nächsten Job:
PÖSEL passt in jeden Winkel des Hafens und der Kanäle.

Schleppbarkasse Pösel unterfährt mit einer Schute die Heiligengeistbrücke auf dem Alsterfleet in nördlicher Richtung.

PÖSEL - Datenübersicht

Baujahr: 1925   **Grunderneuerung:** 1953
Verdrängung: ca. 20 t   **Tragfähigkeit:** 8,8 t
Länge: 13,00m **Breite:** 3,34m **Tiefg.:** 1,20m
Antriebsmaschine: 6-Zylinder Scania-Diesel
Leistung: 120 PS   **Pfahlzug:** ca. 3 t
Treibstoffkapazität: 800 l
Schlepphaken mit Drahtauslösung
UKW-Funkanlage
zugelassen für die Beförderung von maximal
12 Personen

Hinrich K. P. Vogler
Wasserbau

Schlepper **GALANT**

Der Schlepper GALANT gehört zu den Veteranen im Hamburger Hafen.
Das Schiff wurde 1927 auf der Schiffswerft von Johann Oelkers, am Reiherstieg in Hamburg-Wilhelmsburg, als Dampfschlepper gebaut.

Damals war es nichts außergewöhnliches, wenn ein langer Schornsteinschlot zur Seite geklappt werden musste, wenn man unter einer niedrigen Brücke hindurchfahren wollte. Bei GALANT kann der Schornstein auch heute noch umgeklappt werden, obwohl dieser seit dem Umbau zum Motorschlepper längst nicht mehr so lang ist. Auch die Ruderhauswände können einzeln zu den Seiten geklappt werden. Somit passt der Schlepper auf den Kanälen unter jeder Straßenbrücke hindurch.

Auch im März 1985 gab es noch Eis im Hamburger Hafen.

Der Rumpf ist genietet und hat einen flach auflaufenden Eisbrecherbug. Damit öffnet das Schiff bei viel Eis nach kalten Wintermonaten, bei Bedarf auch auf der Alster eine Fahrrinne.

Es kam auch schon vor, dass beim Eisbrechen eine Niete herausriss. Durch das kleine runde Loch schoss dann sogleich Wasser ins Schiff. Dies wurde jedoch schnell bemerkt und die Stelle konnte mit einem Bolzen abgedichtet werden.

GALANT ist zwar ein solider Schlepper, aber auch wiederum kein mächtiger Atomeisbrecher. Dessen ist sich die Besatzung wohl bewusst und fährt mit entsprechender Umsicht.

Der Hauptarbeitsbereich auch für den Schlepper GALANT ist natürlich der Transport von Schuten, Pontons und diversen Arbeitsgeräten.

GALANT - Datenübersicht

Baujahr: 1927
Bauwerft: Johann Oelkers
       Hamburg-Wilhelmsburg
Länge: 14,87 m
Breite: 3,91 m
Tiefgang: 1,40m
Maschinenleistung: 140 PS
freilaufender Schlepphaken mit Drahtauslösung
UKW-Funkanlage

Schlepper GALANT passiert mit einer Schute bei Niedrigwasser die Niederbaumbrücken vor der Kehrwiederspitze. Die "kleinen Schachteln" in der Schute sind LKW-Mulden!

Schlepper **ATLAS**

Den Schlepper ATLAS konnte ich im Niederhafen besichtigen.

An Bord führte mich Herr Haase durch das Schiff.

ATLAS wurde 1915 als "MINNA", ebenfalls auf der Oelkers-Werft gebaut.

Somit feiert das Schiff im nächsten Jahr (derzeit habe ich 2014) seinen hundertsten Geburtstag!

Der Schlepper erscheint recht breit und gedrungen, verdrängt über 90 t und zieht bei voller Fahrt eine ganz ordentliche Welle. Daher steht er sich mit seinem breiten Vorschiff einwenig selbst im Weg. Aber auf Geschwindigkeit kommt es beim Schleppen ja auch nicht an.

ATLAS wurde zuvor vom Unternehmen Carl Robert Eckelmann betrieben und war mit Schubschultern ausgerüstet gewesen.

Diese wurden jedoch wieder abgebaut. Verblieben sind die seitlich installierten Koppelwinden.

Neu in diesem Jahr meines Besuches war das Radargerät. Die Antenne, oder auch Radarbalken, war auf einem umlegbaren Gestell montiert worden. Somit blieben geringe Durchfahrtshöhen unterhalb von Brücken kein Problem. Fahrzeuge ohne Radaranlage sind bei verminderter Sicht nur eingeschränkt einsatzbereit.

Ich erinnerte mich daran was Eugen sagte. Er fuhr zum Beispiel mit der Barkasse PÖSEL nur, solange eine direkte Sicht zum Ufer bestand.

Radar ist also schon eine gute Sache. Die Bedienung erfordert aber auch ein gewisses Fachwissen und die Darstellung auf dem Bildschirm muss korrekt inter-pretiert werden. Nicht jeder leuchtende Fleck ist ein Schiff. Das können auch Dalben, Molen oder Pontonanleger sein. Zudem wird der Erfassungsbereich oft durch hohe Kaimauern eingeschränkt.

Schlepper ATLAS macht in seiner breiten, gedrungenen Form und mit vielen Details, die zum Teil aus Messing gefertigt wurden, einen besonders zünftigen Eindruck. Auf dieser Aufnahme ist der Signalmast umgelegt worden. Eine Radaranlage ist hier noch nicht vorhanden.

Im Ruderhaus kamen über die Jahrzehnte zu den ursprünglichen Armaturen neue Geräte hinzu.
Der freilaufende Schlepphaken ist mit einem Schleppdraht belegt und kann per Drahtzug ausgelöst werden.

Im breiten Passiergang wurden Koppelwinden installiert.
Für die neue Radaranlage wurde auch ein neuer, umlegbarer Signalmast konstruiert.

Im Maschinenraum

Die Antriebsmaschine arbeitet mit 12 Zylindern. Diese sind in zwei Reihen, in V-Form zueinander angeordnet. Hier ist die Backbordseite in Vorausrichtung (in Richtung Bug) zu sehen. Die Leistung wurde auf 500 PS reduziert.

Die Zuluft wird durch jeweils einen Abgasturbolader pro Zylinderreihe direkt aus den Drucklüftern gefördert. Darunter, bzw. davor ist das Getriebe zu sehen. Es hat ein festes Untersetzungsverhältnis von 1 : 5,15 und wiegt 1480 kg.

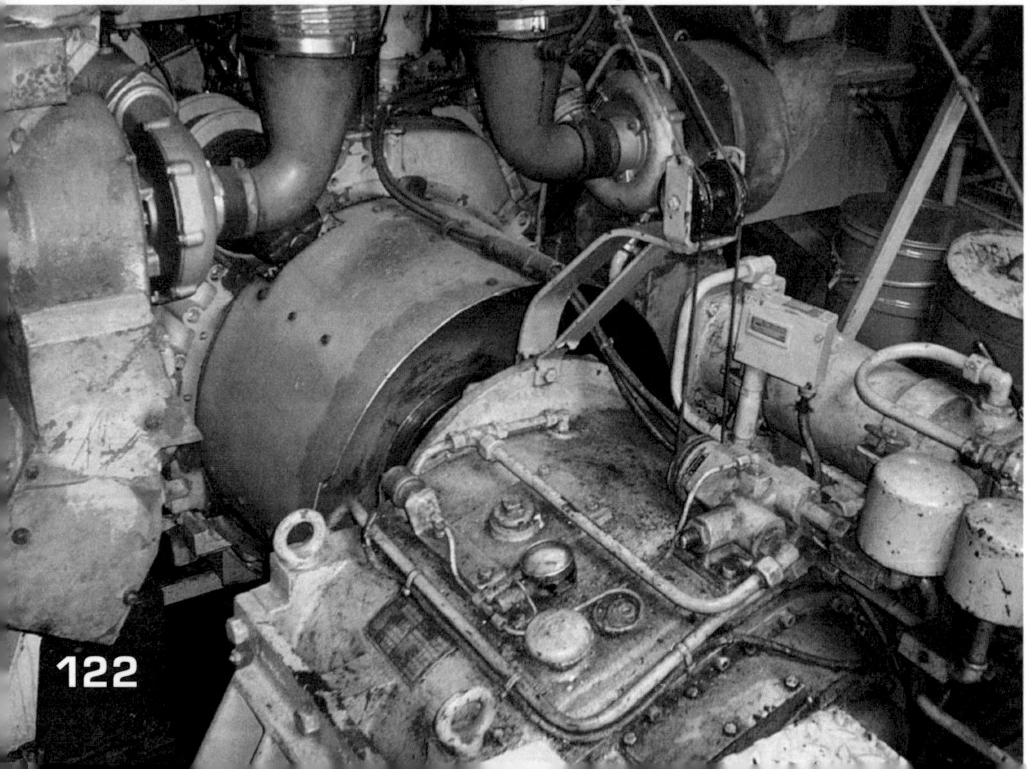

Herr Haase stieg mit mir in den Maschinenraum.

Der Motor machte einen wuchtigen Eindruck, ein Klöckner-Humboldt-Deutz mit 12 Zylindern.

Die Maschine war seit ca. 1982 in Betrieb. Also inzwischen auch schon seit etwa 30 Jahren. Es war der zweite Motor seit dem Ausbau der Dampfmaschine.

Er wurde vor zwei Jahren generalüberholt. Dazu wurde die Motorperipherie zunächst mit Bordmitteln in Eigenregie abgebaut. Der Motorblock wurde dann von einem Servicemonteur zur Überholung ins Herstellerwerk gebracht. Dafür musste zunächst das Maschinenraumdach, beziehungsweise das Oberlicht abgenommen werden. Der Motor wurde dann mit einem Kran herausgehievt.

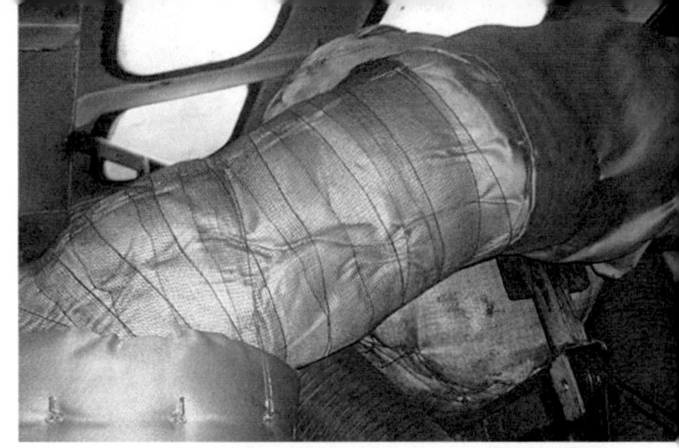

Durch die Oberlichter im Maschinenraumdach dringt etwas Tageslicht. Darunter ist das Abgasrohr zu sehen. Für größere Montagearbeiten kann das Dach abgenommen werden.

Ventile, Anzeigen und Ölvolumen der Ruderhydraulik (Hersteller: Willi Becker)

Arbeitsbereich mit Werkbank an Steuerbordseite

Schließlich stiegen wir auch zur Kajüte
in das Vorschiff hinunter.
Das kleine Türchen ließ auf eine beengte
Notunterkunft schließen.
Genau das Gegenteil war der Fall.
Es öffnete sich ein geräumiges
"Ferien-Treppenhaus".
Es war mit viel Holz verkleidet und
geschmackvoll gestrichen worden.
Das hatte Herr Haase so angelegt und für
sich und seine Kollegen einen schönen Ort
geschaffen!

*Tür und Eingangsbereich zur Kajüte
im Vorschiff*

*Durch den
Eingangsbereich geht es
am WC vorbei zu einer
gemütlichen Sitzecke.*

ATLAS - Datenübersicht

gebaut: 1915 als Dampfschlepper **MINNA**
Bauwerft: Johann Oelkers
          Hamburg-Wilhelmsburg
Umbau vom Dampf- zum Motorschlepper
spätere Namen: **CÄSAR**, **KERSTIN**
Verdrängung: 91,36 t **Länge:** 18,62 m
                Breite: 5,44 m
                Tiefgang: 2,33 m
Antriebsmotor: KHD-Diesel SBA 12M 816
Hubraum: 30.408 ccm
Leistung: 500 PS (reduziert) bei 1500 U/min
Getriebe: Reintjes WAV 550B - Unters.: 5:1
Treibstoffkapazität: 12 cbm
Buganker mit Handwinde an Backbordseite,
Schlepphaken mit Drahtauslösung,
2 Koppelwinden, hydraulische Ruderanlage,
Radaranlage, UKW-Funkanlage

Schlepper ATLAS assistiert
bei Baggerarbeiten im Reiherstieg.

Foto: Hans Wolkau

Die Liegeplätze des Transportunternehmens Hans Wolkau befinden sich im Travehafen.
In dieser Gegend kannte ich mich inzwischen einwenig aus.
Im Juni 2012 erhielt ich die Gelegenheit, den Schlepper KAY zu besichtigen.
Diesmal fuhr ich mit der Fähre der Linie 73 bis zum Oderhöft, einer Landspitze zwischen Oder- und Travehafen.
Dadurch sparte ich über einen Kilometer Fußmarsch, denn vom Fähranleger Argentinienbrücke hätte ich ganz um den Travehafen herumlaufen müssen.
In der neuen Wegvariante passierte ich auch die Ellerholzschleuse. Auch dies war für mich ein interessanter Aspekt.

Unterwegs zum Travehafen

Unterwegs zum Travehafen ging es mit der Hafenfähre RAFIKI von der Norderelbe in den Reiherstieg hinein. Nicht jede Fahrt führte bis zum Oderhöft. Meistens war bereits der Anleger Argentinienbrücke (Bild unten, rechts) die Endstation. Derzeit (2014) ist wiederum die Ernst-August-Schleuse, also die Zufahrt zum Spreehafen, die Endhaltestelle dieser Linie.

Die östliche Zufahrt zu den Ellerholzschleusen

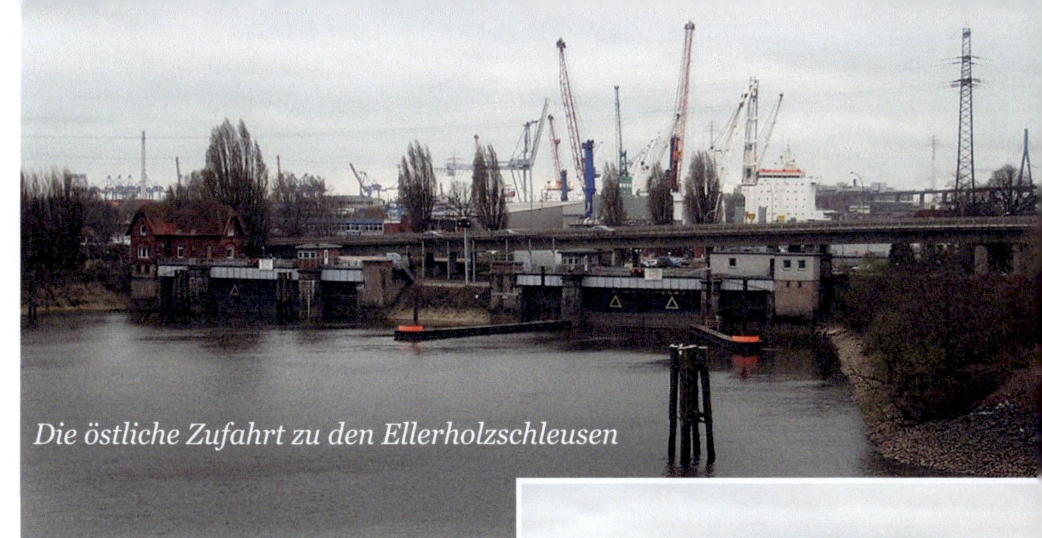

Mit einer Länge von etwa 8 km durchschneidet der Reiherstieg die Elbinsel Wilhelmsburg in Nord-Süd-Richtung. Im nördlichen Teil beträgt die Wassertiefe 7 m, vor den Ellerholzschleusen nur 3 m und im südlichen Teil wiederum 10 m. Dort ist die Wasserstraße durch einen seitlichen Zugang auch von Seeschiffen befahrbar.

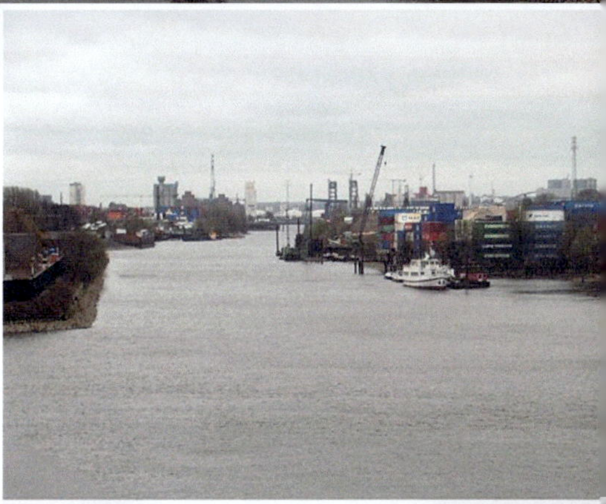

Einfahrt in die nördliche Kammer der Ellerholzschleusen. Links ist die Jahreszahl 1906 auf einer Wand zu lesen, sicherlich das Datum der Fertigstellung.

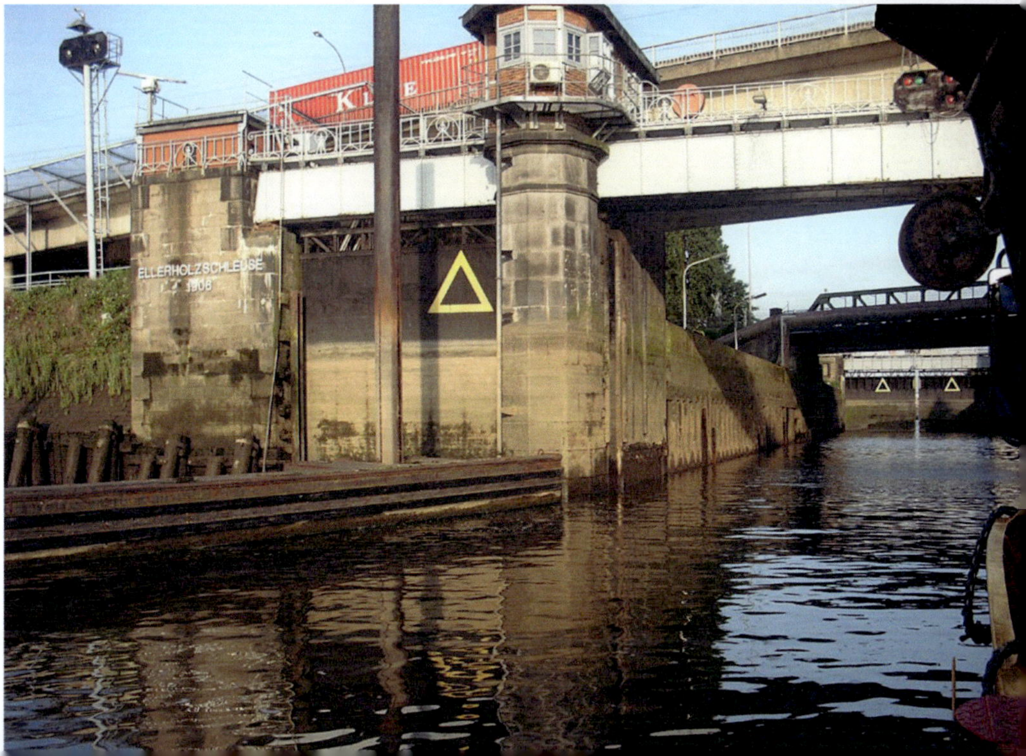

Am Oderhöft angekommen, stieg ich aus der Fähre und hatte jetzt noch einige hundert Meter zu laufen. Der schmale Weg führte am Wasser entlang. Seltsamerweise fuhr die Fähre weiter, in jene Richtung in der mein Ziel lag.

Wie ich gleich erfahren sollte, hatte ein bestimmter Fahrgast seinen besonderen Einfluss geltend gemacht und sich ein Stück weiter mitnehmen lassen.

Als ich den Liegeplatz erreichte, war es noch immer sehr früh am Morgen. Michael Raether war dieser "Bestimmte Fahrgast" gewesen. Er erwartete mich bereits. Herr Raether ist seit über 30 Jahren im Hamburger Hafen auf Schleppern unterwegs, sowohl als Kapitän als auch als Ausbilder.

Das weitläufige Hafenbecken wird von vielen Anliegern genutzt.
Im Vordergrund sind hier Spezialschuten eines Entsorgungsunternehmens zu sehen.

Zwischen weiteren Fahrzeugen des Transport- unternehmens Hans Wolkau, lag auch der Schlepper KAY an diesem Morgen im Trave- hafen.

Den Schlepper KAY hatte ich zuvor schon
des öfteren beobachtet, auch als das Schiff
noch den Namen WIDDER trug und zum
Unternehmen A. H. Huntemann gehörte.
An diesem Morgen machte KAY einen
besonders mustergültigen Eindruck.
Der Schlepper wurde 1922 auf der Stülkenwerft in Hamburg-Steinwerder gebaut.
Er war nun also 90 Jahre alt.
Die Werft gibt es schon lange nicht mehr.
Beim Bau wurde bester Schiffbaustahl
sorgfältig vernietet. Erst kürzlich wurde
der Schlepper geprüft. Die Außenhaut wies
noch eine Stärke von 9 mm auf. Daher
wurde das Schiff für die kommenden Jahre
als absolut betriebssicher befunden.
Damals, als Neubau, wurde KAY mit einer
Dampfmaschine ausgerüstet. Das war bis
in die 50'er Jahre der allgemeine Standard.
1963 wurde KAY (damals WIDDER) auf
der Schiffswerft Johann Oelkers am Reiherstieg zum Motorschlepper umgebaut.
Auch diese Werft existiert nicht mehr.
Übrigens sind heute noch die Stellen
sichtbar, an denen sich einst die Kohlen-
luken befanden. Dort wurde die Heizkohle
in die Kohlebunker gefüllt. Zu beiden
Seiten des Deckshauses zeichnen sich
heute die Konturen der nachträglich
aufgeschweißten Blechabdeckungen ab.

Das Schleppgeschirr lag mustergültig bereit.

*Selbstverständlich gehört auch ein
Schlepphaken zur Ausrüstung.*

Februar 1984

*Damals trug der Schlepper
den Namen WIDDER
(Bildmitte) und hatte seinen
Liegeplatz im Niederhafen.*

Schlepper im Hamburger Hafen
um 1925

All der Ruß, die Schlacke und die "dicke Luft" im Hafen gehören zum Glück längst der Vergangenheit an.

Kohlebunker, Dampfkessel und Kolbenmaschine waren ausgebaut worden.

Heute steht ein moderner, wirtschaftlicher 8-Zylinder Dieselmotor der US-Marke Caterpillar im Maschinenraum.

Das sahen wir uns genauer an.

Am Niedergang lag zunächst ein nasser Feudel für die Schuhe. Das hatte gute Gründe. Der große Raum war taghell erleuchtet und es blitzte so sauber wie in einer Molkerei.

Die Maschine stand sehr übersichtlich und einsehbar in der Mitte. Ringsherum gab es viel Platz.

Ein- und Ausgangsbereich
im Maschinenraum

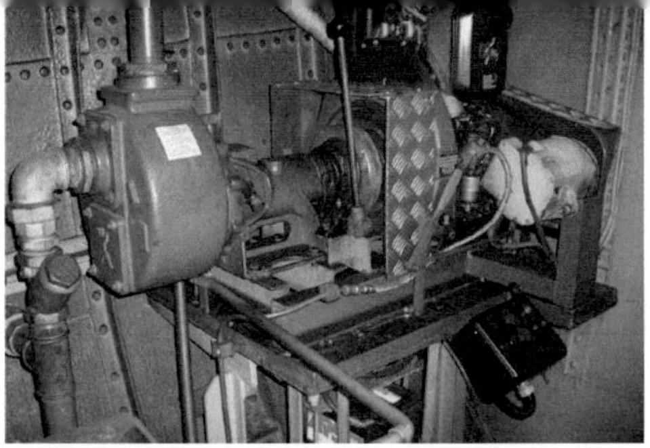

Ein Aggregat von besonderer Art war an einer Seite des Maschinenraumes installiert. Ein kleiner Motor treibt sowohl eine Lenz- und Bergungspumpe, als auch einen kleinen Generator an.

Die Antriebsmaschine gewährleistet einen sauberen und wirtschaftlichen Betrieb.

Die Leistung des Motors war von 560 PS auf 330 PS gedrosselt worden. Bei unge-drosselter Leistung bestünde bei plötzlicher Drehrichtungsänderung die Gefahr eines Getriebeschadens. Für die große Schwung-masse des schweren Propellers ist die Getriebemechanik einfach zu leicht gebaut. Wobei "leicht" relativ zu verstehen ist. Dieses Getriebe wiegt "mal eben" 670 kg!

Ruderhaus und Steuerung

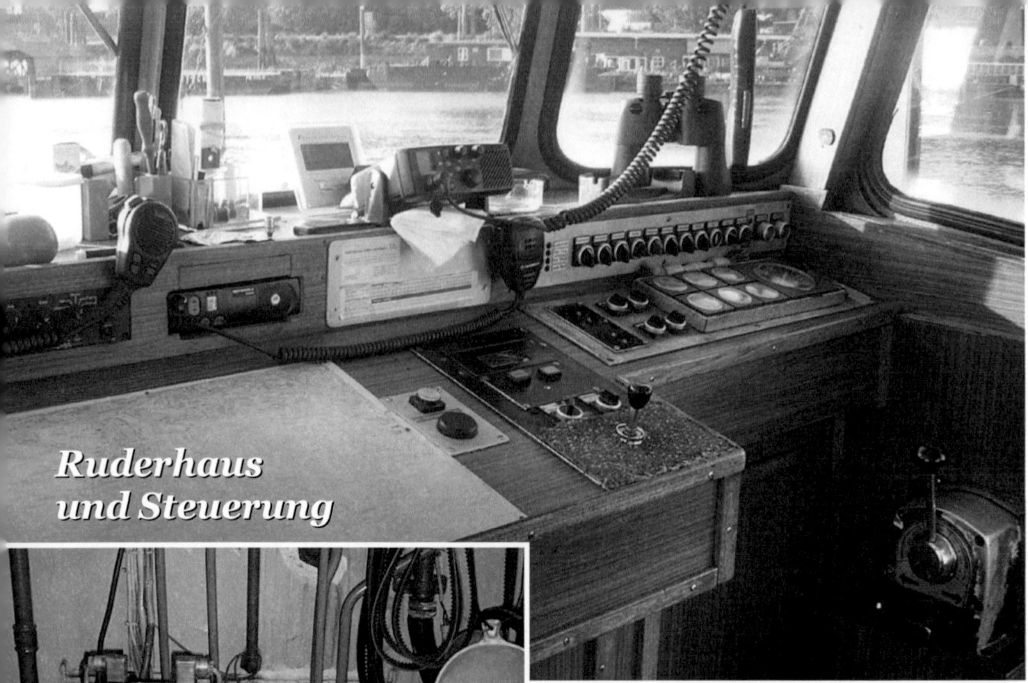

Das Ruderblatt wird mit einem kleinen Hebel (oberes Bild, Bildmitte) gesteuert.
Das Steuersignal wird von einer Hydraulik im Maschinenraum (linkes Bild) umgesetzt und auf den Ruderarm übertragen.

Am Heck des Schleppers lässt sich eine Klappe öffnen. Hier gibt es einen Zugang zum Ruderarm und den Hydraulikstempeln. Der Ruderarm ist auffallend kurz. Entsprechend groß muss die Kraft der Hydraulik sein.

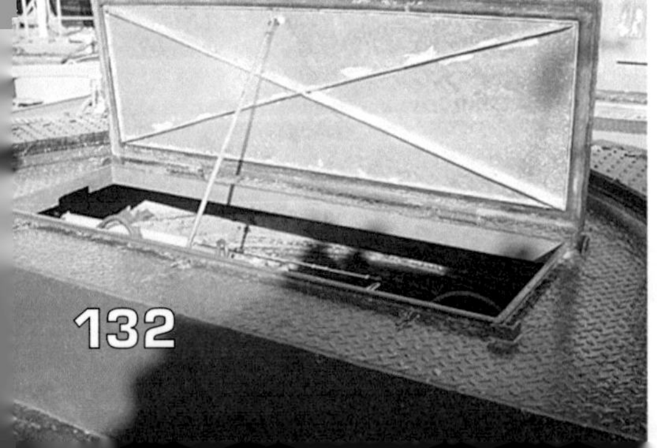

Der Abgasfunkenfänger wurde nachträglich und aus Platzmangel oberhalb des Schornsteinmantels installiert. Das mag nicht gerade schön aussehen. Für Fahrten in den Ölhäfen ist dies jedoch aus Gründen der Sicherheit vorgeschrieben.

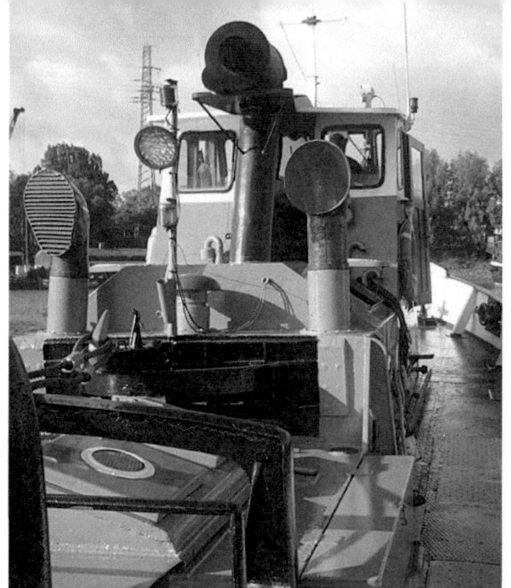

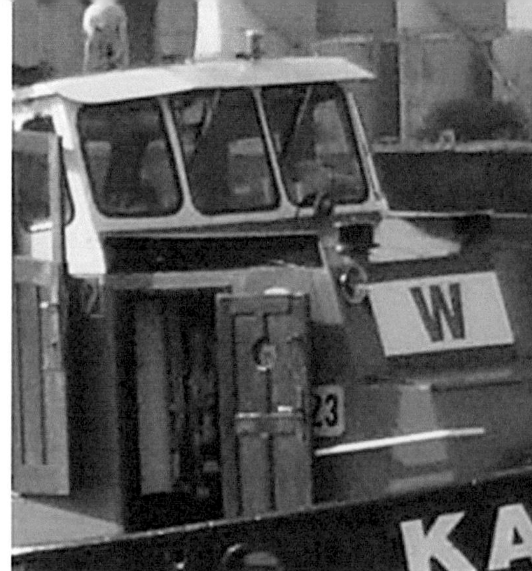

Eingang und Kabine im Vorschiff

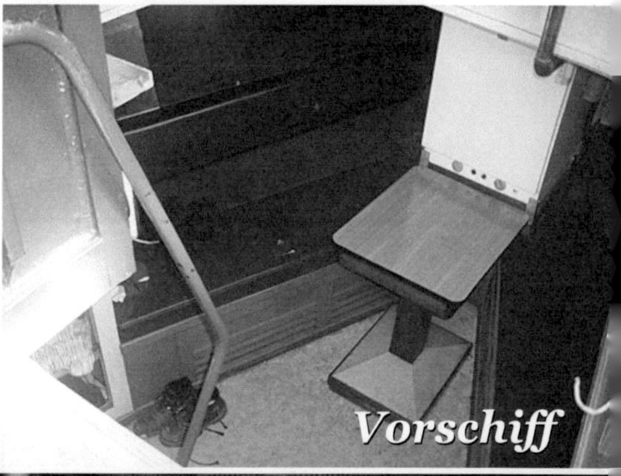

Vorschiff und Achterstore

Im Achterstore hinter dem Maschinenraum, sind unter anderem Farben, Werkzeug, Leinen, Schläuche und Laternen verstaut.

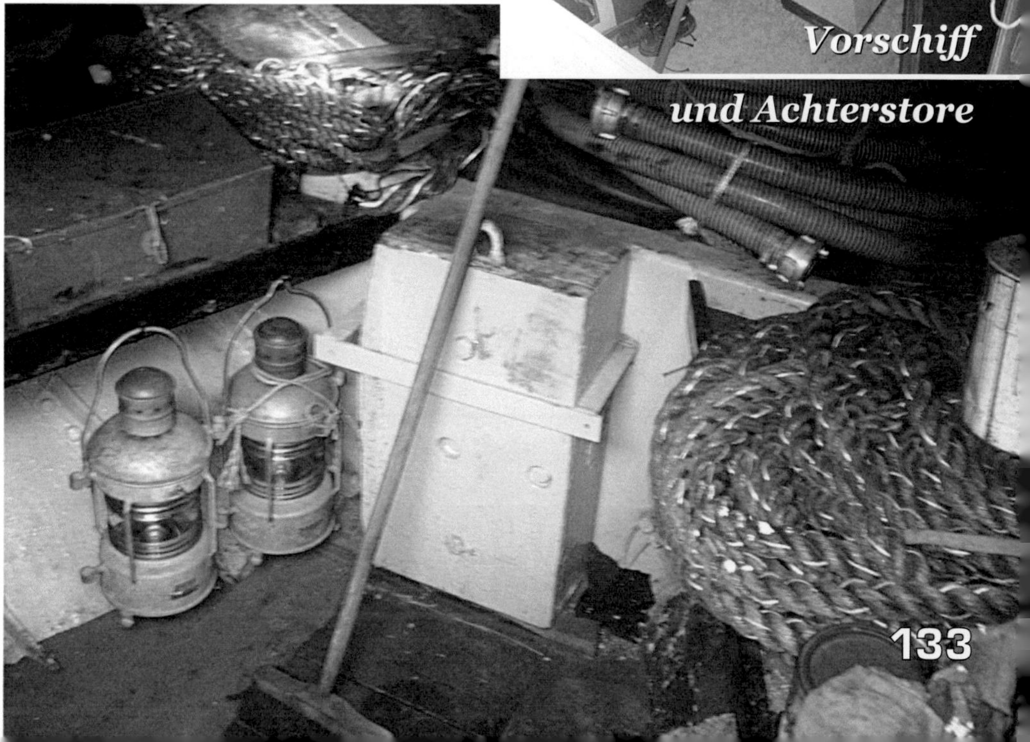

Die Besichtigung ging zu Ende.
Ich musste noch zu meiner Arbeitsstelle
in die Innenstadt.
Zu meiner Überraschung sollte ich mit
dem Schlepper dort hingebracht werden!
Die Maschine lief bereits. Leinen wurden
losgemacht und wenige Augenblicke später
durchpflügten wir bereits das Hafenbecken.
Vor der Ellerholzschleuse mussten wir
warten. Ein Schubverband kam uns entgegen. Backbord querab lag das Oderhöft.
Dort wurde mit der Schleppbarkasse
JONAS gerade ein Ponton verholt.
Einige scherzhafte Zurufe ertönten.
Die Schiffsführer kannten sich natürlich.
"Schleuse ist frei", kam der Schleusen-
wärter auf UKW-Kanal 13 durch und
sogleich nahm KAY wieder Fahrt auf.

Schleppbarkasse JONAS am Oderhöft

Schubschlepper FAVORIT kam uns mit zwei Schuten aus der Ellerholzschleuse entgegen.

Nach der Durchfahrt ging es nach backbord in den Reiherstieg, vorbei an der Flintwerft, der Norderwerft und schließlich hinaus auf die Norderelbe.

Gerne wäre ich auch bis nach Cuxhaven die Elbe hinuntergefahren. Aber ich war auch froh über diese Fahrt, die nun zur Überseebrücke führte. Hier stieg ich aus, nahm Abschied und konnte noch ein Foto vom Schlepper KAY aus nächster Nähe machen.

Vor der Flintwerft lag das Schubschiff MAX.

Schlepper KAY fährt an die Überseebrücke heran.

Unterwegs im Hamburger Hafen

KAY mit einem Bergungsfahrzeug im Schlepp

Eine Schute mit Baggergut wird "an die Seite" genommen und zum Löschen zu einer Spül-fläche gebracht.

KAY - Datenübersicht

Baujahr: 1922
Bauwerft: Stülkenwerft, Hamburg
1963: Umbau vom Dampf- zum Motorschlepper auf der Schiffswerft Johann Oelkers

Länge: 19,04 m
Breite: 5,31 m
Tiefgang: 2,69 m
Antriebsmotor: Caterpillar V8-Zylinder Diesel (CAT 3408)
Leistung: 330 PS (gedrosselt) bei 1600 U/min
Getriebe: Reintjes WAV 260 - Unters.: 5:1
Treibstoffkapazität: 7 cbm

Ausrüstung:
Schlepphaken mit Drahtauslösung,
Lenz- und Bergungspumpe,
hydraulische Ruderanlage,
UKW-Funkanlage

**Ansicht im Maßstab
1:150**

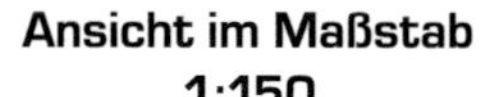

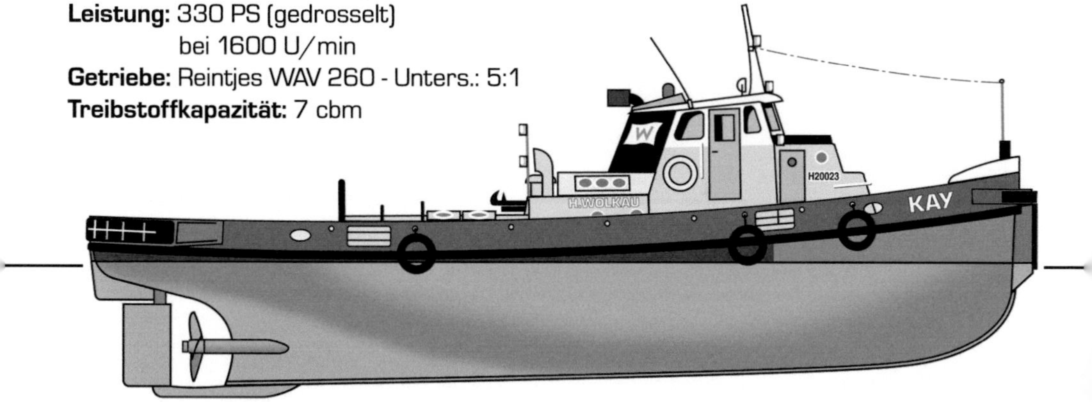

Hans Wolkau

Schlepper SALMO

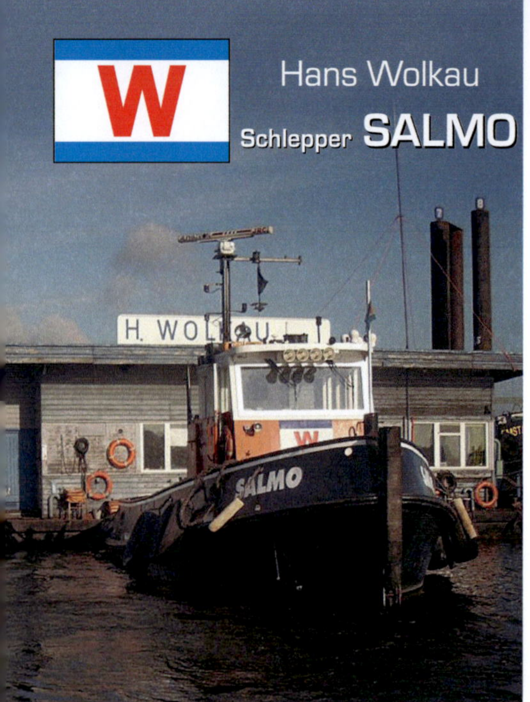

Schlepper SALMO wurde sowohl für das Hafenrevier als auch für die Küstenfahrt entworfen.

Während meines Besuches im Travehafen lag auch der Schlepper SALMO am Liegeplatz des Transportunternehmens Hans Wolkau.
SALMO wurde 1977 auf der Cassens-Werft in Emden, in Ostfriesland an der Nordseeküste gebaut. Dieser Schlepper wurde auch für die Küstenfahrt entworfen.
Äußere Merkmale dafür sind ein erhöhtes Schanzkleid, ein hochgezogener Bug sowie ein erhöhtes Ruderhaus für eine gute Fernsicht.
Eine gedrungene Form, wie sie bei Binnenschleppern notwendig ist, um auch unter niedrigen Brücken hindurchfahren zu können, war hier nicht beabsichtigt gewesen.
Der Schlepper ist mit einer Kort-Düse ausgerüstet und erreicht bei einer Maschinenleistung von 375 PS einen Pfahlzug von immerhin 5 t.
SALMO gehört erst seit wenigen Jahren zur Flotte des Unternehmens.

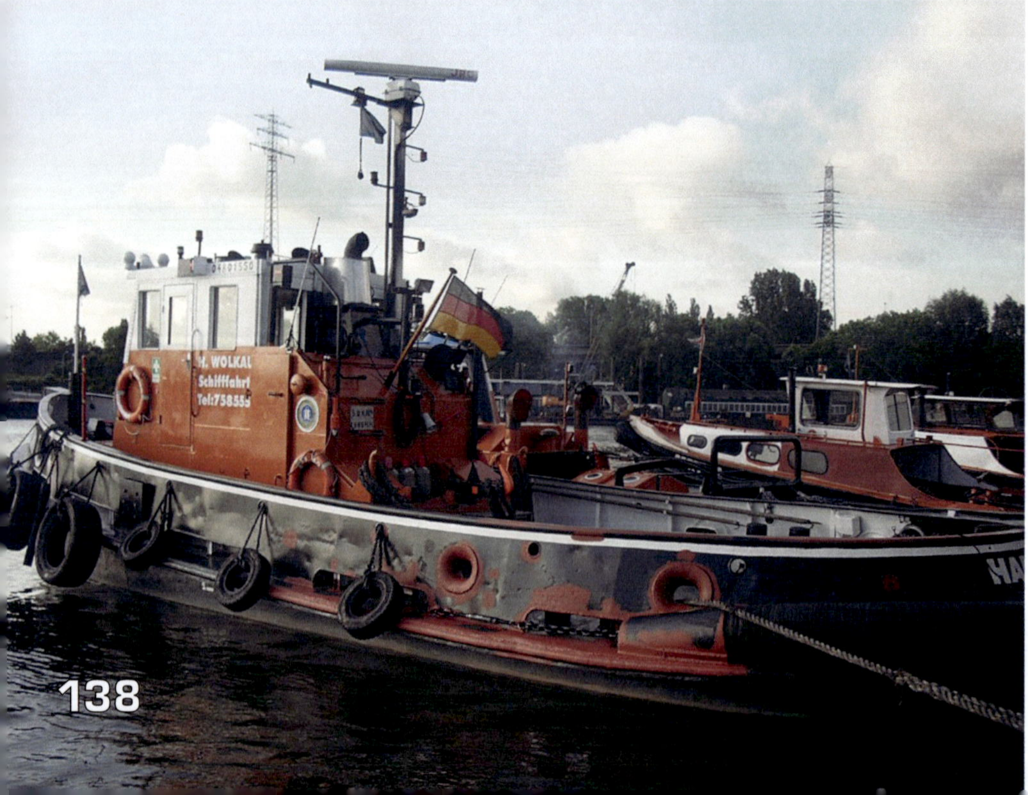

Zuvor hieß das Schiff JULIUS und wurde von einem anderen Unternehmen bei Brunsbüttel eingesetzt. Dort ereignete sich im Dezember 2004 leider ein tragischer Unfall.

Innerhalb eines Schleppverbandes war JULIUS als Steuer- und Bremsschlepper eingesetzt worden. Ein Ponton wurde geschleppt. JULIUS wurde in Vorausrichtung mit dem Bug an das hintere Ende des Pontons fest angespannt. Festmacherleinen wurden vom Heck des Schleppers aus, schräglaufend, jeweils nach back- und steuerbord, zu den Pontonecken gespannt. In diesem festen Dreieck eingespannt, geriet der Schlepper durch unvorhersehbare Umstände aus der Fahrtrichtung in eine Schräglage, kam quer und kenterte. Die Außenschotten standen geöffnet. Das Wasser konnte schnell eindringen und das Schiff sank in kürzester Zeit. Bedauerlicherweise kam der Kapitän dabei ums Leben.

Der Schlepper wurde gehoben und von Hans Wolkau übernommen.

In mühevoller Arbeit wurde die Maschine und die technische Einrichtung trockengelegt, überholt und wieder in Betrieb genommen. So konnte das Schiff wieder in Fahrt gebracht werden.

Als Schlepper SALMO wird es heute im Hamburger Hafen eingesetzt.

Baujahr: 1977
Bauwerft: Cassens-Werf, Emden
Länge: 15,60m **Breite:** 4,50m **Tiefg.:** 2,25m
Antriebsmotor: KHD-Dieselmotor
Leistung: 375 PS   **Pfahlzug:** 5 t

Schlepper SALMO mit dem Transportponton TK II auf der Norderelbe

Hans Wolkau

Schleppbarkasse **SERVICE**

Erstaunt beobachtete ich einmal, wie eine Barkasse einen recht großen und beladenen Ponton schleppte.

Bei diesem Anhang handelte es sich um den Transportponton P 901 des Unternehmens Arnold Ritscher.

Der Ponton ist 32 m lang und 13,5 m breit. Die Seitenhöhe beträgt 2,8 m und die maximale Zuladung 800 t. Damit fuhr die Barkasse gegen die Tidenströmung der aufkommenden Flut.

Auf dem kleinen aber kräftigen Fahrzeug war der Name SERVICE zu lesen.

Wie ich später erfuhr, gehört dieses Schiff, zusammen mit zwei weiteren Barkassen, zum Unternehmen Hans Wolkau. Bemerkenswerterweise ist die Schleppbarkasse SERVICE mit einer Kort-Düse ausgerüstet. Im Vergleich zu anderen Barkassen, ist das Ruderhaus recht hoch, sodass auch besonders große Personen bequem darin Platz finden.

Barkasse SERVICE als Steuerschlepper mit einer Schute

Hauptdaten

Länge: 15,74 m
Breite: 4,05 m
Tiefgang: 1,45 m
Leistung: 200 PS

Mittschiffs befindet sich ein beweglicher Schlepphaken mit Drahtauslösung.

Schleppbarkasse SERVICE
mit einem Transportponton auf der Norderelbe

Hans Wolkau

Schleppbarkasse RESI

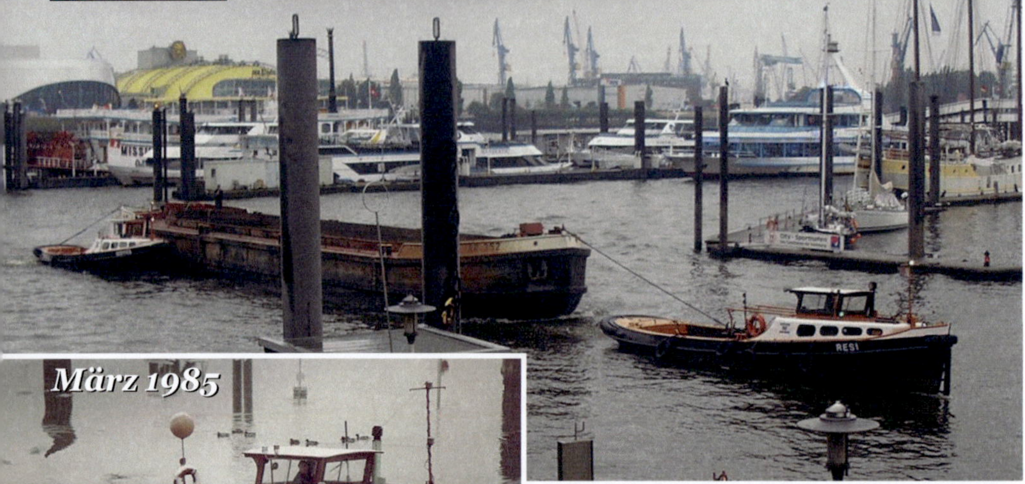

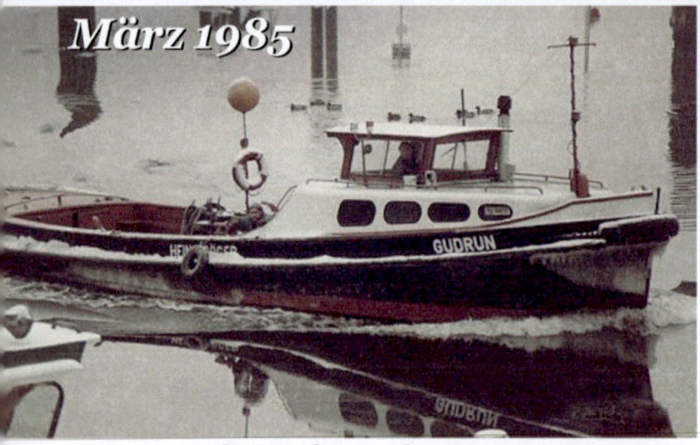

1985 trug die Barkasse den Namen GUDRUN und gehörte zum Unternehmen Hein Kröger.

RESI ist fast baugleich mit der Barkasse SERVICE. Auf dem oberen Bild wird mit beiden Barkassen eine Schute in Richtung Binnenhafen geschleppt.
Auf dem unteren Bild ist RESI vor der Schaartorschleuse zu sehen. Hier sind das Ruderhausdach, sowie die Fensterflächen heruntergeklappt worden.

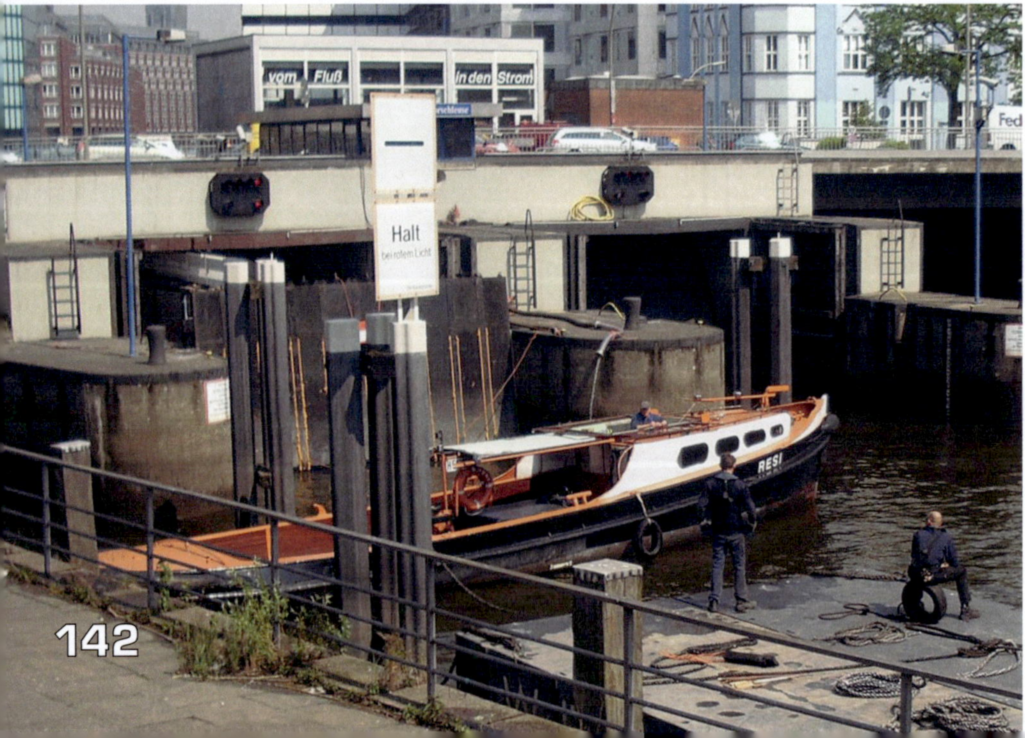

Schleppbarkasse RESI mit einem Arbeitprahm auf der Norderelbe,

... sowie mit einer beladenen Schute im Schlepp vor der Niederbaumbrücke

Hauptdaten
Länge: 15,62m **Breite:** 4,00m **Tiefg.:** 1,45m
Leistung: 200 PS

Die dritte Barkasse bei Hans Wolkau heißt JONAS.

Etwas länger als SERVICE und RESI und auch mit etwas mehr PS unter der Maschinenhaube.

Der drehbare Schlepphaken vom Typ Hansahaken kann natürlich auch hier, den Vorschriften entsprechend, per Drahtauslösung entriegelt werden. Seitlich, auf dem Schanzkleid sind Drahtfänger vorhanden und der Bug ist mit einem Schubsteven ausgerüstet.

Ein Kranausleger wird auf einer Schute zu einer Baustelle transportiert.

*Schleppbarkasse JONAS kommt aus der
Schaartorschleuse und fährt auf dem
Alsterfleet in Richtung Binnenalster.
Die Schleusenanlage befindet sich im Zufluss
der Alster in die Elbe und reguliert den
Wasserstand der Alster. So bleibt die Alster
im Stadtgebiet stets als See aufgestaut.
Gleichzeitig wird der kleine Fluss von den
Gezeiten der Elbe abgeriegelt.*

*Auch bei JONAS lassen sich das Ruderhaus-
dach und die Fensterseiten herunterklappen.*

Hauptdaten

Länge: 16,65m **Breite:** 3,53m **Tiefg.:** 1,40m
Leistung: 240 PS

Neuster Zulauf im Hamburger Hafen

Neuster Zulauf beim Schifffahrtsunterneh-men Hans Wolkau ist der Schubschlepper ORCA. (Wir schreiben das Jahr 2014) Das imposante Schiff wurde 1930 auf der Boele-Werft in Bolnes, einem Stadtteil von Rotterdam in den Niederlanden gebaut und hatte bereits mehrere Vorbesitzer.

Hauptdaten

Länge: 27,00m **Breite:** 5,55m **Tiefg.:** 2,10m
Hauptmaschine: Deutz-Dieselmotor
Leistung: 1240 PS
Kort-Düsenruder

In seiner äußeren Form und Farbigkeit
unterscheidet sich ORCA erheblich von
den anderen Binnenschleppern in
Hamburg.
Auf diese Weise wird das tägliche Bild im
Hafen um ein Schiff erweitert, dass uns
hoffentlich noch für eine lange Zeit
erhalten bleibt.

Schubschlepper ORCA
im täglichen Einsatz im Hamburger Hafen

Hafenschlepper ESCORT

Modellbaupläne
bei Konrad Algermissen erhältlich:

Die Pläne sind sowohl für die Spantenbauweise
als auch für die Schichtbauweise angelegt.
Die Spanten sind einzeln vorgezeichnet.
Eine **Begleitinformation**
mit 14 Abbildungen
ist mit dabei.

Ein Stück Hamburg
der 80'er Jahre

Maßstab / Länge / Gewicht	Preis / Euro
1:50 / 46,8 cm / 1,5 kg ... 5 Bögen A2	**28,-**
1:33 / 70,2 cm / 5,2 kg ... 5 Bögen A1	**35,-**
1:25 / 93,5 cm / 12,3 kg . 5 Bögen A0	**49,-**

Im Buchhandel erhältlich:

Schlepper
FAIRPLAY I

Inhalt:

Am 26. September 2007
wurde der neue
ASD-Schottelschlepper
FAIRPLAY I in Hamburg
getauft und stärkster Schlepper im Hamburger Hafen.
Hautnah wird der Einsatz am Containerterminal
erlebt, bei dem das neue Schiff seine Leistungsfähig-
keit demonstriert. Anschließend wird der Schlepper
in allen Details als Modell nachgebaut.
Mit über 270 Abbildungen gibt dieses Buch einen
unterhaltsamen und informativen Einblick, sowohl
in die Schleppschifffahrt, als auch in den
Schiffsmodellbau.

Mit Modellbauplan
im Maßstab 1:100

21 x 29,7 cm,
68 Seiten, Paperback
ISBN:
978-3-8423-7325-9
36,- Euro

Modellbaupläne
bei Konrad Algermissen erhältlich:

Maßstab / Länge / Gewicht	Preis / Euro
1:50 / 50 cm / 5 kg ..... 7 Bögen A2/A3 ..	**32,-**
1:33 / 75 cm / 17 kg ... 7 Bögen A1/A2 ..	**39,-**
1:25 / 100 cm / 40 kg . 7 Bögen A0/A1 ..	**56,-**

Seeschlepper FAIRPLAY X

Modellbaupläne
bei Konrad Algermissen erhältlich:

Die Pläne sind nach Werftunterlagen erstellt
und sowohl für die Spantenbauweise als auch
für die Schichtbauweise angelegt.
Die Spanten sind einzeln vorgezeichnet.
Ein **Begleitheft** mit 33 Abbildungen vom Vorbild
und Modell, sowie einer ausführlichen
Beschreibung mit Baureport ist mit dabei.

Klassiker
zwei Farbvarianten

Maßstab / Länge / Gewicht	Preis / Euro
1:100 / 34,5 cm / 600 g . 5 Bögen A3/A4 .	**32,-**
1:50 / 69 cm / 4,7 kg ..... 5 Bögen A1/A2 .	**42,-**
1:33 / 103,5 cm / 16 kg . 5 Bögen A0/A1 .	**55,-**
1:25 / 138 cm / 37,6 kg . 6 B.160 x 84 cm .	**98,-**

Festmacherboot
MOORING-TUG I

Modellbaupläne
bei Konrad Algermissen erhältlich:

Die Pläne sind nach Werftunterlagen erstellt und
für die Spantenbauweise angelegt (Knickspantform)
Die Spanten sind einzeln vorgezeichnet.
Eine **Begleitinformation** mit 35 Abbildungen
vom Vorbild und Modell, sowie eine ausführliche
Beschreibung mit Baureport liegt bei.

robustes Arbeitsboot
mit Schleppeinrichtung

-ideal für Einsteiger-

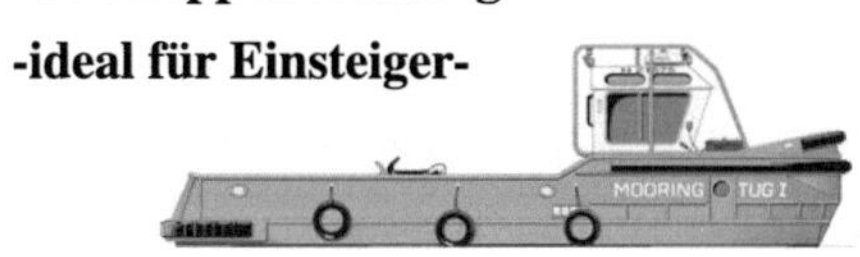

Maßstab / Länge / Gewicht	Preis / Euro
1:50 / 22,2 cm / 240 g .... 2 Bögen A3 .	**20,-**
1:33 / 33,3 cm / 800 g .... 2 Bögen A2 .	**24,-**
1:25 / 44,4 cm / 1,9 kg .... 2 Bögen A1 .	**28,-**
1:20 / 55,5 cm / 3,7 kg . 2 B.114 x 60cm .	**32,-**
1:15 / 74 cm / 8,8 kg .... 5 Bögen A1/A2 .	**38,-**
1:10 / 111 cm / 29,7 kg . 5 Bögen A0/A1 .	**50,-**